代号　SK23N0284

图书在版编目（CIP）数据

大美中国. I，中华美妆3000年 / 麦青著. —西安：
师范大学出版总社有限公司，2023.7
ISBN 978-7-5695-3326-2

I. ①大…　II. ①麦…　III. ①化妆—基本知识
①TS974.12

中国版本图书馆CIP数据核字（2022）第235937号

美中国I——中华美妆3000年
EI ZHONGGUO I —— ZHONGHUA MEIZHUANG 3000 NIAN

青　著

版　人　刘东风
编辑　徐小亮
校对　任　宇
发行　陕西师范大学出版总社
　　（西安市长安南路199号　邮编　710062）
址　http://www.snupg.com
刷　陕西龙山海天艺术印务有限公司
本　700 mm×1000 mm　1/16
张　21.75
数　580千
次　2023年7月第1版
次　2023年7月第1次印刷
号　ISBN 978-7-5695-3326-2
价　298.00元

购书、书店添货或发现印装质量问题，请与本公司营销部联系。
：（029）85307864　85303635　传真：（029）85303879

大美

陕西师范大学出版总社

图

陕

IV

大
DA
麦

出 责 责 出
网 印 开 印 字 版 印
印 开 印 字 版 印 书 定 — 读 电

本书简介

本书除了按照时代从古至今追溯中国传统美学文化与美妆文化，也通过一种创新的方式来进行呈现——加入了时代背景、审美风格变迁、典型人物评论、典故内容挖掘、博物馆藏品解读，以及“古为今用”的启发，期望通过较为全面的方式，带大家一起领略波澜壮阔的中国美妆史。同时，也观照当代社会的美妆品牌，包含对部分美妆品牌的探讨，期望能够帮助美妆从业者了解行业历史，启迪产品研发与品牌营销的灵感，让国货美妆受到国人乃至更广泛人群的品牌认同和价值归属，让东方美妆文化闪耀世界舞台。

本书适合各类美妆从业者阅读、参考，无论是护肤、彩妆、香水，甚至身体护理等品类的从业者，或是媒体、网红等从业者，也包括艺术界、文化界、影视界，以及每一位对美孜孜不倦追求的人士。爱美之心，人皆有之，了解美的历程，至关重要。

作者简介

麦　青　北大毕业，美妆博物馆&中国色研究院BMCCR创始人，中国色体系开创者。

麦青院长同时也是行业实战派，先后在世界 500 强外企、国内领先民企等担任品牌负责人，之后创办两家企业，至今依然在行业一线实战。实战之余，坚持 10 年 + 深耕专研中国传统美学文化与中国色体系的基础研究，著有《大美中国》《活色主义》《品牌大渗透》等系列书籍。

联系麦青院长

公众号二维码　　视频号二维码

导语

为美学写史，为美妆立传

10多年前，我进入一个全球彩妆品牌负责大中华区的市场部工作。当时这个彩妆品牌在国外有一本英文版传记，我读完之后，大为感慨：

为什么国外有这么好的美妆历史传记类或者文化类书籍，但国内却很少能找到？

如果有这么一本书，岂不是对上百万的美妆从业人员，提供很大的价值和参考帮助？

岂不是也让更多的美妆爱好者，乃至普罗大众，因此更了解我国的悠久美妆文化而不会只崇洋媚外？

岂不是也让更多国货品牌能提升自己的附加值，不至于总是“低洋品牌一等”？

为什么国外有，但中国就几乎找不到一本通俗易懂、有趣但又专业的美妆文化类的书？

我与同行讨论许久，得出一个粗浅结论：也许是因为美妆这个行业，在中国3000年历史长河当中，被当作一个“浮于表面”的行业吧。

因为是“不起眼”的行业，所以纵然从古至今男女老幼都爱美，都喜欢美妆，也有许多流传至今的美女美男的故事，但却很少有相关的历史典籍、实物资料留存下来，也很少有人系统性地去研究这个行业，更没有一本书去研究这个行业背后的源远流长。

所以，上百万美妆从业者至今找不到一本入门级的美妆史宝典，能帮助了解自己所从事行业的历史，学习从古至今的美妆文化，启迪自己的产品开发与营销灵感，并据此建立自己的品牌文化。而一部分人也因为不了解中国美妆文化，产生“崇洋媚外”、看不起国货的心理。

其实，美妆行业，并非“肤浅”的行业——这背后有极为深厚的历史文化沉淀：每一个朝代，历史文化背景不同，人们的审美不同；每一个妆容背后，都有它的喜怒哀乐故事，以及大时代背景；每一个护肤秘诀背后，都是劳动人民智慧的结晶。

无论战争或是和平年代，人们对美的追求都是不停歇的。每一个关于古代美人的故事，其实都是一段追求美的传奇。

这些人物、故事、秘方，都是时代的烙印、文明的结晶。只有深入地了解 3000 年中国美妆文化，才会更惊叹于中国的强大，才会更了解中国其实应该在美妆行业做得更好，更强，应该有更多国货品牌走出国门，走向世界。

所以，10 年前，我就下决心写这样一本书。当时在博客上发表了一篇长文《肌肤上的中国：激荡美妆历史 200 年》，没想到访问量迅速成为当年的 10 万 +，至今还有源源不断的新关注者。这篇长文成为美妆行业的入门级教材内容。

无数的年轻人，看了这篇文章，更加想要加入美妆行业；

无数的媒体，看了这篇文章，创造出更多美好的创意；

无数的品牌策划人员，看了这篇文章，多了品牌策划灵感；

无数的普罗大众，看了这篇文章，更加热爱中国，热爱国货……

也正是从 10 年前，我与宝洁 & 北大校友和志愿者，在实战之余，建立了美妆博物馆（简称“美博”），开始深度研究两大主题：

1. 传统美学文化与美妆文化——《大美中国》一书中分享了部分研究成果。

2. 中国色基础研究——未来持续分享《中国色白皮书》、中国色标准色卡等书和色卡。也正是基于美博长达 10 年的基础色彩研究，联合美博智库专家学者而成立了中国色研究院。

很欣慰，多年以来，有更多年轻人加入我们，一起为美博贡献优质内容。美博也受邀进入各大平台，成为签约账号，创造了上亿阅读量，为社会传递价值。

基于我多年在行业当中的积累，以及美博长年累月的文化输出，终于在今天，我们编纂成书：

· 这是一部全面的体系化、趣味化、实用性、趋势性相结合的中国美妆 3000 年文化史。

· 以历史进程为线索，专业、深度挖掘，提供全新的中国传统美学与美妆视角，重述历史。

· 既是行业内人手必备的美学宝典，也是趣味全面的文化宝藏。

· 既给予内行人查经据典的参考，也提供给普罗大众另一个趣味角度了解传统文化。

· 既是传承中国传统美学与美妆文化，又是一场对传统文化的复兴。

· 重唤国人对中国传统美学与美妆文化的自信与认可，历史从不过时，经典永留存。

期望这本书能够成为一本流传下去的经典书，而非短暂火爆的畅销书，期望这本书对整个行业、对普罗大众都能产生实际价值。

本书内容将会通过一种创新的方式来进行呈现：以编年体方式从古至今追溯美妆传统文化，创造性地加入了时代背景、审美风格变迁、典型人物评论、典故内容挖掘、博物馆藏品解读，以及“古为今用”的启发，期望通过较为全面的方式，来带大家一起领略波澜壮阔的中国 3000 年美学史与美妆史——当然，这里的 3000 年仅仅是一个泛指，并非只将我国丰富深厚的美妆历史局限于 3000 年。

总之，让我们伴随这本书，一起揭开中国美妆 3000 年文化的序幕，也一起期待未来国货美妆品牌能够走向全球！

最后，附上美妆博物馆开馆时期的导语，这也是我们办这个博物馆、孜孜不倦出品优质内容、写作这本书的初心：

观今宜鉴古，无古不成今——这是修史的重要作用之一，强调了借鉴历史的重要意义。在这样的史学观念下，中国浩如烟海的史籍典册，从二十四史、两通鉴、九通到五纪事本末等，亦可服务当下。

当下，某种程度上，就是历史的延伸。而历史，就是曾经的当下。

然而，遗憾的是，国有史，方有志，家有谱，琴棋书画、政经军事，几乎行行有史，却唯独“美妆”缺席史册——如果将中华民族3000年文明史比喻为辽阔苍穹，那么这块天穹帷幕，独独缺了这一块最亮丽的星云。

这，本不应该。

人类开化的重要一步，即是知美丑、辨善恶。虽则美丑善恶之标准，在千年中迭代演变，但终极却从未更变——人，为悦己者容。这悦己者，既包含他人，也可指自己。

2000多年前，古埃及女王克列奥帕特拉，梳妆打扮，以鲜花裹身，被人抬至恺撒门前，从此开启一段为世人所知的“红颜政治”——这也算是整个世界美妆史上较早、较知名的记载之一。然而，早在3000年前，中国早就进入“粉白黛黑”的原始素妆时代，中国古人用燕地之红蓝花叶，捣成汁液，凝成脂妆，命为“燕支”，也即“胭脂”。

可如今，又有谁知道呢？

国人往往喜欢讨论远在天边的历史，却对自身的过往含糊不清，茫茫然艳羡国外，却不知自己早已立足于3000年厚重的历史根基之上，无须高看他国。而行业中人，又因不熟本国历史文化，加之贪图现世急利，往往假借国外名头，行挂羊头卖狗肉之事，愚人愚己。

其实，大可不必。

人类很多痛苦与纠结，都源于懂得太少，而想得太多。如果对历史、对本源有所了解，就不会一叶障目，就不会被繁复花样所惑，就会对当下的情形有所了然——毕竟，当下就是历史的延伸。

没有无缘无故之事，没有无根无基之品牌。任何行业，任何品牌，就算当下再多粉饰，都无法掩盖过往沟壑。人类文明、行业、品牌，甚至家庭、个体，无不是靠过往的累积，而不断向前。不知过往，怎知当下？怎测未来？

所以，今天，我们要做一件事。

为你，为我，揭开隐埋在3000年厚厚的历史尘埃中尚不曾为世人所知的美妆大世界——那些隐忍跌宕的故事、那些沧海桑田的往事、那些披荆斩棘的英雄、那些啼笑皆非的细节，终究不该被白白埋没。

我们需要知道历史，因为它是传承，是启蒙，是美妆这个细分行业的过往与根基。

但，不止如此。

一个多世纪以前，英国历史学家威尔斯著《世界史纲》，首次将人类历史不分国别、不分疆域纳入同一观察角度，写出一部统一的世界史。本质上，任何文明，都不是孤立存在，而是在上千年的时间纵轴上，不断碰撞交融而成。美妆，作为人类文明的一个小小分支，亦如是。

所以，我们将不止呈现中国美妆的过往与当下，更不会忽略整个世界美妆史——美国历史学家斯塔夫理阿诺斯著《全球通史》言：自己是站在月球上看世界历史的——今日，我们也可借鉴先贤，积极仿效这位前辈，站在月亮上，观察整个世界美妆行业。有谁知道，200多年前，在东西半球两个王朝中，两位同样名不见经传的少年人，谢馥春和娇兰，以相似的方式共同开启、铺垫了波云诡谲的近代美妆史？

历史从来如是，人世却总多变。

历史被后人所知，往往是通过白纸黑字，以或简练或啰唆的文字，为世人描画过往轮廓。基于史料的多寡与真伪等局限，以及个人的认知与理解等因素，导致后人往往会片面观史。然而，真相到底如何？恐怕只有那一个个活跃在历史当中的鲜活个体，才知道曾经到底经历什么，又是如何延伸至当下，当下又是如何承接过往的。

每个人，在整个历史的宏观大局中，虽然可能面貌相似、规律相仿；但在微观层面，每个人与另外的人，都是截然不同的个体，都可能经历完全不同的悲欢离合。就算是同一人，在光阴的纵截面上，也会因时而变、因势而为，并不可同日而语。

所以，我们不愿意。

我们不愿让美妆行业中的个体，成为这个行业宏观大局中微不足道的小“注脚”。

也不愿用非黑即白、简单画押的方式，去对任何一个个体进行价值判断。

更不愿意随大流地进行所谓“成败规律总结”，或者事后诸葛亮一般“以果推因”。

因为，我们始终认为，历史从来如是，人世却总多变——每个人都有自己的脑袋，都可以自主思考。400 多年前，莎士比亚一句“一千个人眼中有一千个哈姆雷特”，意思也大致如此。

现代人与古人面临一样的困境：信息不对称——只不过，古人因为信息匮乏，现代人因为信息泛滥。当今的人们最迫切需要的，不是吃别人口中嚼碎的知识，而是如何在有限时间内发掘真正有效的信息，进而经过自己的思考，让这种信息变成知识——毕竟，信息不等于知识，知识也不等于智慧，智慧不一定能适用于自己。

最后，以王阳明所著短诗结束这篇导语。

山近月远觉月小，便道此山大于月。若有人眼大如天，当见山高月更阔。

敬告

本书选取了大量珍贵照片与文献资料，在此特向所有拍摄者及作者致谢。因客观条件限制，我们很难一一寻找书中所有使用照片及文献资料的作者，请有关作者与本书作者联系，并提供足够的证明资料，以便及时处理相关问题。

目录

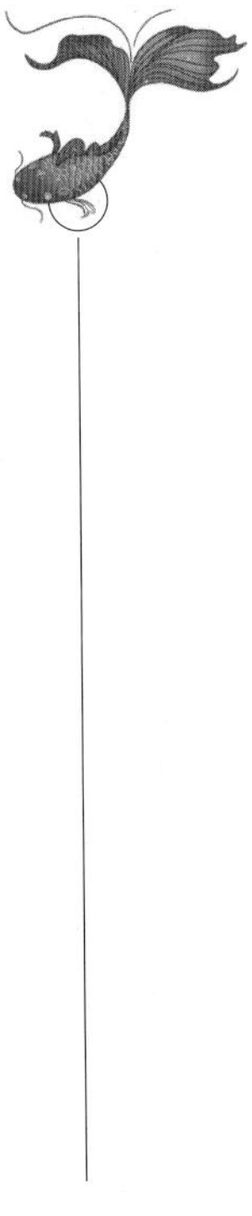

激荡美妆3000年

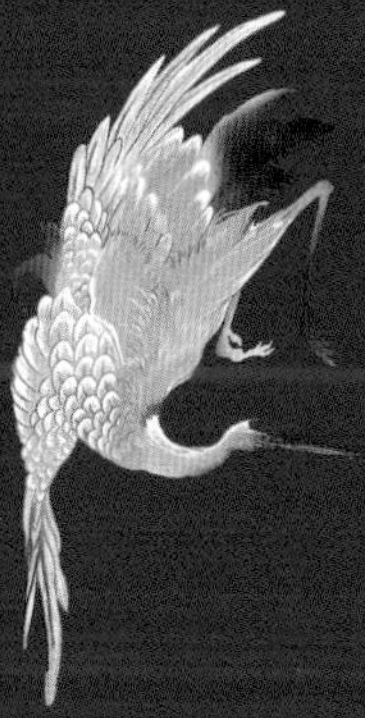

第一章

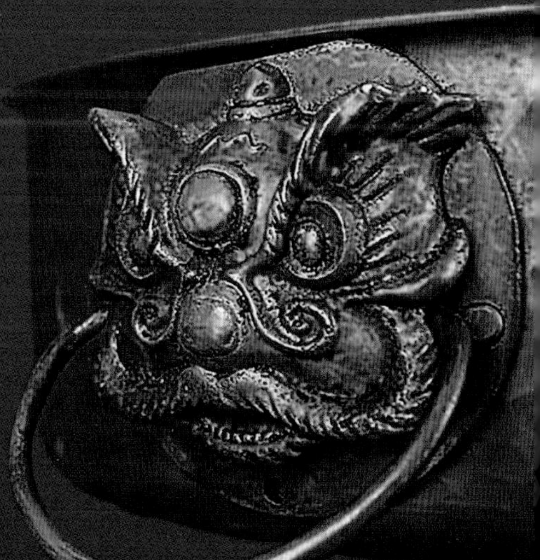

第一节　美的历程

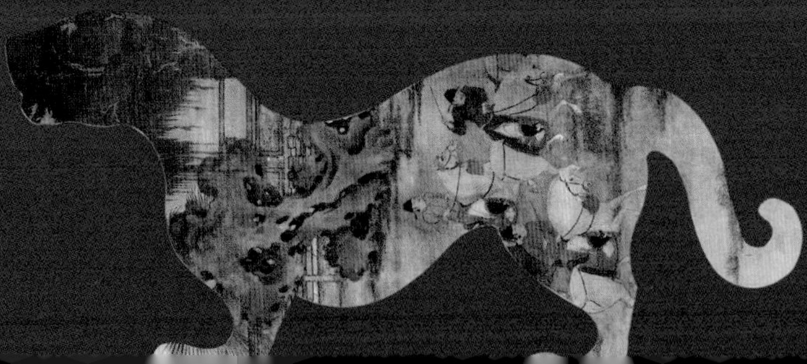

3000 年前，中国处于殷商时期，是“粉白黛黑”的原始素妆时代，化妆还仅限于奴隶主阶层的女子。人们用燕地的红蓝花叶捣成汁液，凝成脂状，命名为“燕支”。

2200 年前的秦帝国崇尚武力，百废待兴。劳苦大众无暇美容，唯有宫中贵族女子才化妆。《事物纪原》中记载：“秦始皇宫中，悉红妆翠眉”，大致推断出当时以浓艳为美。

2000 年前的两汉，经济繁荣，民族融合，丝绸之路由此开辟，美妆工艺突飞猛进，美妆也开始由贵族流传至民间。长沙马王堆一号汉墓中，出土了两个保存完整的妆奁，脂泽粉黛一应俱全。汉代《古诗十九首》中记有“娥娥红粉妆，纤纤出素手”。秦汉时期，我国第一部药学专著《神农本草经》记载了 20 多种有美容功效的药物。

1800 年前的魏晋南北朝时期，北方民族袭扰，玄学、佛教盛行，时代动荡，民族融合。美妆风格从秦汉时期的以浓艳为美，逐渐变得萎靡迤逦，出现各种诡异妆容：额上贴“额黄”，鬓畔化“斜红”。就连男人也会敷粉施朱，史无前例。

1400 年前的中国正进入女性地位较高的隋唐时代，社会风气开放，妆容更加自由大胆，唐诗中有关的描述比比皆是，甚至出现胡风妆容。相传杨贵妃专用一种美白粉，民间俗称“杨妃粉”，李商隐《马嵬》中有诗云：“冀马燕犀动地来，自埋红粉自成灰。”

杨子华《北齐校书图》（局部）

隋唐时期，出现了中国历史上第一部正式的美容秘籍——《妆台方》，可以说是当时人们的美容圣经。

宋代女人的地位和国力一起下降，妆

容渐渐趋于淡雅秀美，开始注重内养和使用面膜。南宋《事林广记》中记载了一款玉女桃花粉，是以野生益母草为核心原料的妆粉。

元代是新一轮的民族大融合时期。当时流行一种从波斯和阿拉伯传入的蔷薇水，是蒸馏蔷薇花瓣而得的一种香味浓烈的护肤品。而元代的脂粉也销至高丽。

明代开始出现最早的整容技术——挽面，也称“开脸”，至今潮汕一带的老人还会此技艺。当时化妆也已全民普及，流行桃花妆与酒晕妆，连士大夫阶层也流行美容。据《万历野获编》记载，一代名臣张居正“膏泽脂香，早暮递进”，化妆品早晚都要递进张府，供张居正使用。

历史的车轮滚滚前进，清代成为千年以来美妆技艺的集大成者。其中，慈禧可称为当时最厉害的护肤达人。

《诗经》中记载的两个爱情片段，至今读来仍令人唏嘘不已。第一段是“桃之夭夭，灼灼其华。之子于归，宜其室家”，刻画了一位待嫁女子红粉敷面、面若春桃、幸福烂漫的形象。第二段是“自伯之东，首如飞蓬。岂无膏沐，谁适为容”，讲述一位妇人因为思念在外戍边的丈夫，日日蓬头垢面，痛苦不堪，丈夫不在，梳妆打扮还有什么意义呢？两个片段，道尽女人的一生时光，也说出了美妆——这项从古至今的老行当——本质意义。千年朝代更迭，沧海桑田，人们对美的标准几经更演，美妆方法也随之演变，但美妆的本质依然未变——女为悦己者容。

1829年，中国正处于道光年间，扬州脂粉老字号“戴春林”——这个中国近代史上第一个闻名天下的美妆品牌，因经营不善且后继无人，濒临倒闭。少年学徒谢宏业，在戴春林倒闭之时，收留了几位德高望重的老师傅，凭一己之力，白手起家，从头创业，创建了近代史上辉煌的美妆品牌之一——扬州谢馥春。

1851年，中国爆发太平天国运动，战争让富人们仓皇逃窜，其中就包括扬州谢家。谢宏业舍不得铺子，让妻儿逃走，自己死守扬州，望眼欲穿地等待战争过去，可惜竟送了命，铺子也尽遭战火摧毁。近代中国美妆史上第一代俊杰就这样悄无声息地死在这乱世中。彼时，洪秀全刚刚攻下金陵，正扬扬得意。14年后，战火终于平息。谢宏业的遗孀戴氏，带着儿媳与小孙子，一门两个寡妇，重回故里，继承夫志，重新开张谢馥春香粉铺。当时的谢馥春，改姓戴也不为过，毕竟，没有这两个寡妇，谢馥春的风云历史就到此为止了。在这一年，一位走街串户卖刨花（洗头水）的小伙子孙传鸿，开了一家“孔记香粉号”，后因被人嘲笑说店名太土，小伙子苦思冥想，改店名为“孔凤春”。当时，他并不知道，自己的香粉会和近在咫尺的扬州谢馥春，在41年之后一起漂洋过海，赢得世界奖杯。这一时期的法国正处于法兰西第二帝国 的末期，娇兰二世爱上了法兰西公主。一介白手起家的商贾与一个高不可攀的公主，注定无果。他为了纪念这段爱情，创造出世界上第一瓶人工合成的香水，奠定了现代香水具有前中后三段味道的基本模式。痴情的娇兰二世终身未娶。

1872 年的日本刚刚开始明治维新，受益于西化改革的年轻药剂师福原有信从海外留学归来，在东京开了一家西式药房，取名资生堂，取自《易经》“至哉坤元，万物资生，乃顺承天”。当时的福原有信只是单纯想以毕生所学，为日本的医药行业添砖加瓦，没想百年后，资生堂竟成为日本第一大美妆品牌。

福原有信

蜜丝佛陀（Max Factor）

这一年的俄国，犹太人蜜丝佛陀诞生在一个贫苦之家。他 7 岁开始做工，因为天赋异禀和勤奋努力，14 岁就担任俄罗斯皇家剧团化妆师、服装造型师和假发造型师。彼时的小男孩并未想过，自己未来会和好莱坞电影结缘，并因此创造一个伟大的彩妆品牌 Max Factor。

“Make-up”彩妆这个单词，就是由 Max Factor 衍生而来。在波兰，另一位犹太人赫莲娜·鲁宾斯坦也刚刚诞生。她不仅是与雅顿、雅诗兰黛齐名的美妆女皇，也是大艺术家达利和毕加索画作中珠光宝气的亿万贵妇，是 20 世纪叱咤欧洲、征服美国的女企业家。关于她的传奇故事也是数说不尽。

赫莲娜·鲁宾斯坦（Helena Rubinstein）

1881 年的法国人民刚刚迎来第三共和国的美好时代。巴黎的一家小面包铺迎来了少东家的诞生。彼时的掌门老爹还未料到，自己的儿子欧仁·舒莱尔，未来不仅没有卖面包，竟然还会开创全球最大的美妆集团欧莱雅。

欧仁·舒莱尔（Eugène Schueller）

香奈儿（Coco Chanel）

另外一位未来令世人瞩目的成功女性香奈儿 1883 年在法国诞生了。她身世凄惨，6 岁母亲早逝，父亲离家，孤儿的她成为一家咖啡屋的歌女，靠卖歌卖笑为生。

1886 年，美国纽约一位年轻的图书促销员大卫·麦可尼发现顾客都很喜欢随书赠送的香水，以此为灵感，创造了雅芳，并开创了美妆直销模式。

大卫·麦可尼（David McConnell）

日本的佳丽宝在 1887 年诞生，不过此时业务还是纺织。直到半个世纪后，佳丽宝才从顶级绢丝原料的蚕茧中成功提炼生产了绢丝香皂，开始转行做护肤品。

冯福田

中国正在进行百日维新的这一年，打工仔冯福田用积攒多年的 2 万银圆，在香港创立广生行，生产“双妹”花露水——这是上海家化的前身。5 年后，广生行挺入上海。17 年后，“双妹”粉嫩膏与“孔凤春”“谢馥春”一起漂洋过海到美国，摘得巴拿马太平洋万国博览会大奖。大总统黎元洪为其题词：尽态极妍，材美工巧。

1902 年，刚到而立之年的赫莲娜，在澳大利亚开设了第一家美容院，赫莲娜品牌从此建立。法国的化学家卡尼尔 1903 年从植物提取物中合成了卡尼尔发乳，卡尼尔品牌由此建立，62 年后卖给了舒莱尔的欧莱雅。号称拿破仑堂姐后裔的科蒂先生，创建了自己的香水品牌 Coty——后来成为全球第一大香水集团。关于他的成名故事，与我国茅台酒有异曲同工之妙——装作不小心打碎了香水瓶。科蒂被誉为是香水界的黄埔军校，后来兰蔻的创始人阿曼达·珀蒂让、迪奥的创始元老之一 Heftler Louiche 都曾担任科蒂的总经理。

1907 年，在年轻的谢箴斋试图重振家族品牌之时，法国另一位雄心大志的年轻人欧仁·舒莱尔也成功研制了无毒染发剂。舒莱尔技术与商业头脑兼备，创业刚开始，就尝试在巴黎各大美发沙龙定点营销，不久就风靡巴黎。这一年，一位叫雅诗兰黛的犹太姑娘，刚刚在纽约诞生。还是在这一年，伊丽莎白·雅顿小姐已经在美国第五大道上开办了属于自己的美容院，雄心勃勃地开始了自己的品牌之梦。

雅诗兰黛（Estée Lauder）

伊丽莎白·雅顿（Elizabeth Arden）

蜜丝佛陀 1909 年在美国终于创建了自己的美妆品牌——Max Factor，这个品牌成为好莱坞电影的御用化妆品牌。他本人也被明星们尊称为“教父”。好莱坞电影博物馆的前身，就是 Max Factor 博物馆。

1911 年中国爆发辛亥革命，长达 2000 多年的帝制终于结束，历史以一种新型的权威体制往前发展。这一年的德国，药剂师拜尔斯道夫研制出一种长效润肤露，取名为妮维雅，取自拉丁语“Nivuus”——“雪白”之意。

1914 年袁世凯当政。美国派人来游说袁世凯报名参加第二年的巴拿马太平洋万国博览会。袁世凯同意得非常干脆，立即响应并鼓动各地商人踊跃报名，不到两个月，就在全国19个省征集了十多万件参赛品。这是时局动荡的近代史上令人鼓舞的一刻。

中国人在1915年美国巴拿马太平洋万国博览会上出尽了风头。这一届万博会，被认为是新中国成立以前最成功、最扬眉吐气的一届世博会——中国参展产品获得1211个奖项，其中大奖章57枚，在参展国中独占鳌头，让世界惊叹。其中包括摔出名声的茅台酒，以及扬州的谢馥春香粉、杭州的孔凤春香粉、上海的双妹粉嫩膏。

1916年，已经做了10年掌门人、年仅27岁的谢箴斋，在扬州亲自主持迎接奖章和祭祖的仪式，捧着奖章热泪盈眶。香奈儿1922年在巴黎时尚圈崭露头角，在时装之外，推出了自己第一款香水，这款香水至今也还是这个品牌的核心。

1929年前后是近代民族美妆品牌蓬勃发展的黄金时期。1929年，中国第一届博览会在杭州西湖召开，孔凤春有8个产品获奖。当时的孔凤春进入了自己的辉煌时代，传说革命英雄秋瑾曾经也买过孔凤春香粉。这一年的日本，POLA诞生，专注抗老。如今POLA美白丸在中国大热，多亏众多代购口碑宣传。

百雀羚1931年在上海诞生。这个品牌备受上海名媛钟爱，其中包括大明星阮玲玉、周璇、胡蝶等，甚至宋氏三姐妹以及驻华使节夫人。

南京金芭蕾的前身——南京化妆品厂1934年诞生。

1939年，二战爆发。战争严重摧垮了欧洲经济，也暂时中断了欧美几乎所有美妆品牌的发展。香奈儿与她的德国军官男友暂避瑞士。犹太姑娘雅诗兰黛与父母避难美国。极具戏剧性的品牌是德国妮维雅，二战后被其他国当作战败国的资产没收，一直到1997年，拜尔斯道夫公司才最终收回了所有的商标。此时的中国，正在进行艰苦的抗日战争。杭州已经沦陷，成为死城。为了保存家业，孔凤春决定分家。然而分家造成的另一个恶果就是无穷无尽的家族纷争，孔凤春二代掌门人孔旭初不堪重压，选择悬梁自尽。

从整个世界格局而言，几乎现代所有享誉全球的美妆品牌都诞生在这一时代——200年前，在技术落后的东半球和现代科技萌芽的西半球，几乎同时诞生了诸多伟大的品牌。它们在战争与和平的夹缝当中寻求生存，在逆境与挫折当中咬牙前进，为整个世界近代史增添了一笔绚丽的色彩。

中国实行改革开放后，生产力解放，民族美妆品牌如雨后春笋一般扎堆诞生。而第一批诞生的品牌中，很多创始人都是潮汕人。比如，潮汕人苏武雄建立了雅倩品牌。这个品牌80后小时候可能听说过，但如今已销声匿迹了。90年代美妆市场上独领风骚的民族品牌，绝对当数上海家化的美加净品牌，但这个品牌之后命途坎坷。

1990年上海家化又推出了一个至今仍非常流行的大众品牌——六神。国际品牌又涌入中国，因为市场环境的关系，国际品牌都是通过中外合资的方式进入沿海城市。1989年，宝洁携OLAY进入广州。次年，联合利华就紧跟宝洁步伐，进入上海，生产旁氏和凡士林。雅芳也与广州化妆品厂合资成立广州雅芳公司。

梅州人李贵辉1991年建立广东绿丹兰化妆品公司。绿丹兰曾经做到全国美妆第一品牌，全盛时期在国内建立了69个分公司，六大生产基地，18家合资企业，集团总资产达36.6亿元。结果因为多元化与非法融资，2000年兵败如山倒，彻底消失。创始人入狱。

1992年，北京人李志达南下深圳，创办了深圳丽斯达有限公司——推广“小护士”品牌。这个品牌在李志达的强力推广下，迅速成长为中国销量排名前三的品牌，享誉全国。不过后来被卖给了欧莱雅。与小护士同一年创立，又和小护士同一年被卖给欧莱雅的另外一个著名品牌是羽西。羽西的创始人是一位传奇精彩的女人——靳羽西。这一年，医生方宜新弃医从商，创建了东洋之花。当年护手霜非常有名，现在已基本听不到声音。

雅诗兰黛在1993年正式进入中国。

兰芝1994年才刚刚在韩国成立。这一年的中国，上海家化历尽千辛万苦，终于收回了危机重重的美加净品牌。那个曾经独领风骚的美加净，在4年前就被让给了美国庄臣公司。但自此，美加净就被打入冷宫，次年销量一落千丈，让身为娘家人的上海家化心痛不已，终于在4年后咬牙要回了奄奄一息的美加净，可惜一代风流品牌不可抑制地没落了。妮维雅也进入中国，母公司拜尔斯道夫与上海飞妮丝工贸公司（上海凤凰日用化学有限公司的子公司）成立合资企业——上海妮维雅。

上海家化 1995 年在香港上市，成为国内第一家上市的化妆品公司。一位名叫丁家宜的大学教授与台湾商人庄文阳合作成立南京珈依生化有限公司，开始推 广“丁家宜”护肤品。这一年的韩国，彩妆品牌伊蒂小屋（Etude House）诞生，迅速俘获无数少女的芳心。这个品牌原本中文名叫爱丽小屋，结果有人山寨其专营店，不得不改名为伊蒂小屋。

欧莱雅 1996 年进入中国。同样是采用与中国企业合资的方式，与苏州医学院合作建立了苏州欧莱雅有限公司。

从改革开放截至目前，国际美妆大品牌几乎都已陆续进入中国。不得不佩服这些敏锐的、具有先见之明的先行者，在中国刚刚打开国门，民族企业还未完成第一轮孵化之时，就已经大胆进入还在发展的中国，在赚取利润的同时，也为中国经济腾飞、人才储备、美妆技术发展铺垫了道路。

1998 年，中国经济在亚洲金融危机的背景下，继续保持着蒸蒸日上的前景。

上海家化推出佰草集品牌。广东潮汕人张楚标在广州建立丹姿水密码品牌。

河南人胡兴国在代理化妆品长达 8 年之后，从代理商转而做厂商，1999 年在广州创建了美肤宝，专门进攻专业线 10 年后才正式进入日化线。温州人蔡汝清模仿法国娇兰，创建“广州娇兰”，6 年后改名为娇兰佳人。娇兰佳人自创了婷美、军献等护肤品牌。

精于保健品营销的佘雨原遇到了老乡马俊，彼时马俊刚刚创建可采，主打眼贴膜，正在全国撒网寻找代理商。佘雨原为自己的老乡出谋划策，一个月之后可采生意就翻了近十倍。于是，马俊邀请佘雨原做自己的广东总代理。

在千禧年，丸美建立。相传创始人孙怀庆是在去日本旅游时，被日本丸美吸引，径直去找日本人寻求代理权，但未成功。于是他自己在中国注册丸美，经营 2 年后，再去日本寻求中国总代理权。不久，孙怀庆创建了另外一个品牌——春纪。

在 90 年代新民族品牌层出不穷、蒸蒸日上的背景下，扬州谢馥春却是另一个结局。2001 年时谢馥春已经不属于谢家后人了，谢家第六代传人谢澄安(女)，为挽救已亏空的谢馥春，临危受命成为新厂长。可是，当她夜以继日、废寝忘食地研制出新货时，又被人逼迫辞职—— 因为工厂有一些恶意流言说谢家后人要买回工厂，厂子要私有了，大家要没饭吃了。当年的谢馥春股东大会上，疲惫不堪的谢澄安做了最后一份厂长报告，平静地汇报了自己上任一百来天的业绩——拿出自己的钱，给大家发了全额工资，给全工厂人还补发了五个月的工资，补交了所有人九个月的养老保险金，并在厂里的账上剩下了 425858 元。

曾经当过沈阳公务员的郑春影将自己的美容中心(伽蓝集团)搬到了上海，生产雅格丽白和自然堂、美素等品牌。潮汕人唐锡隆在广州创建卡姿兰彩妆品牌。另一位彩妆大师毛戈平创建了中国第一个高端彩妆品牌：MGPIN。

潮汕人吕义雄 2002 年在上海建立韩束。这个品牌和韩后一样，总被消费者认为是韩国品牌。同年，韩国爱茉莉集团将兰芝带入中国。

经过 4 年的发展，佘雨原为可采面膜鞍前马后，在 2003 年打下了全国市场。而在争取更大的代理权问题上，可采与佘雨原未谈拢，昔日的合作伙伴分道扬镳。佘雨原不甘就此放弃，他带领原团队，创建自己的面膜品牌——美即面膜。时至今日，美即面膜已经成为中国面膜市场上当仁不让的王者。而佘雨原的老东家可采面膜却日渐衰落，2008 年被卖给了上海家化。温州人侯军呈在代理六七年护肤品之后，毅然决定创业，成立了杭州珀莱雅化妆品公司。以湖南卫视电视广告为主要推广模式的珀莱雅迅速腾飞。

欧莱雅历经 3 年，终于在 2003 年 12 月成功收购了小护士品牌。此后小护士的掌门人李志达再没有踏入过美妆行业。次年，李志达用卖了小护士的钱买了另外一家濒临破产的品牌——健力宝。

在收购小护士 45 天后，欧莱雅成功地从科蒂集团收购了羽西品牌。强生 2004 年将露得清引入中国。

近代史上著名的美妆品牌杭州孔凤春远嫁广东飘影集团。在美国，雅诗兰黛夫人在曼哈顿去世。这位传奇女性可以说是近代美妆史的活化石——最后一位去世的近代美妆品牌创始人。她被誉为 20 世纪最有影响力的 20 位商业奇才之一。在她去世之后，雅诗兰黛至今还保持着浓厚的家族色彩，高管当中有几位还是雅诗兰黛家族的。

中国本土第一少女品牌里美在 2005 年上市。创始人是丁家宜前市场总监樊辉宇。它的可爱包装、新奇定位、强大的促销员，确实在当时独树一帜。短短几年，已经成为屈臣氏渠道销量第一的品牌。另外一个宣传天然植物精粹的品牌卡尼尔，在 2006 年被欧莱雅带进中国。崔晓红创立了玛丽黛佳（Marie Dalgar），创造艺术彩妆的概念。潮汕人陈廷桂在广东创建了温碧泉。

韩国爱茉莉 · 太平洋美妆集团，在尝到了兰芝的增长福利之后，2007 年开始引入另外一个品牌——梦妆。韩国第四大化妆品集团 Able C&C 株式会社，在中国引入一个彩妆品牌——谜尚（MISSHA）。

千呼万唤的第 29 届奥运会在北京召开。同一年，大宝被卖给了强生。王国安 2009

年在北大百年讲堂开公司大会，宣布韩后诞生，至今还被人误解为韩国品牌。更传奇的是，这个品牌之前叫“香港兰芝”。

美即在 2010 年上市。而丁家宜则被卖给了科蒂。科蒂在这一年开始大举进入中国，也从上海家化手上收回了阿迪达斯的经营。

欧莱雅二代传人莉莉安 2011 年终于被自己的女儿告倒了——被宣判为不适合管理欧莱雅的庞大资产。从此，莉莉安失去了超过 100 亿欧元财富的控制权，不得不交出执掌欧莱雅 50 多年之久的权柄。这场长达 3 年的母女恩怨纠葛，几乎将 TVB 剧中的豪门恩怨细节演绎得淋漓尽致，如同百般纠结的法国电影一样在世人面前上演。然而，这并未对欧莱雅的生意产生影响——这就是现代化管理制度与生意模式的效果。

对比 70 年前的孔凤春，孔家人也遭遇了同样的豪门恩怨与分裂，未能经受住风险挑战。

百雀羚 2012 年推出新品牌三生花，以曼妙的插画风格包装与一直以来的本草定位，吸引年轻人。

近代史上与雅诗兰黛、赫莲娜并列的三大美妆女皇品牌——伊丽莎白·雅顿，2015 年也退出中国。同时，近代史上另一个传奇彩妆品牌蜜丝佛陀，也被宝洁卖给了科蒂集团。

进入 2015 年之后，新锐国货美妆品牌层出不穷，诸如 HFP、完美日记等等，也有不少的网红机构与个人开辟了自己的新品牌，它们比过往时代的民族品牌更能洞察新时代年轻消费者和年轻粉丝的需求，创造更有创意的包装形式与产品概念，同时不少品牌也在迎合日益崛起的国风文化，打造了传承中国传统美妆文化的新一代国风国潮品牌，也在引领年青一代的审美与风格。

同时，传统外资品牌诸如 OLAY 也在不断适应飞速变化的中国市场，利用产品概念创新等方式进行了老品牌翻新，同时伴随着整个市场进一步开放，越来越多的新国外品牌也会不断涌入中国。整个中国的美妆市场将会迎来外资品牌、传统国货、新锐国货三足鼎立的新局面。

从殷商时代的“燕支”开始，中国已走过浩浩荡荡3000年美妆历史，也走过风风雨雨约200年的近现代美妆品牌史。整个中国美妆史，不仅仅是审美的变革、文化的更迭，还有产品与品牌的进化。从20多年前欧美外资品牌垄断市场，到2017年开始的国货时尚，国潮崛起，无论是传统民族品牌，还是新锐黑马品牌，都开始越来越重视中国传统美妆文化，甚至包括外资品牌，都在迎合整个中国市场的趋势——传统文化越来越被尊重，匠心挖掘传统文化的品牌也越来越多，中国3000年美妆文化的价值也越来越凸显！

第二节　美人如画

从3000年中国历代美人更迭看中国的“女性审美”

“世界上没有比人更美的形式，也没有谁比人更懂得美，更追求而不亵渎美。”古希腊先哲的话揭示了人是作为审美主体参与审美创造活动的，同时人本身也是审美客体，作为美的典范。女性美是人类全部文明的提纯和结晶，是不同时期的人们对女性共同的理想与期望的汇集与积淀。

对于女性美的研究，我们可以回溯历史，了解以往人们的审美情趣，折射出当时的社会政治风貌及人们生活追求的缩影，这对历史多个维度的研究发现，以及对人类生活美学领域的发展皆有着重大的参考意义和借鉴价值。纵观中国古今数千年历史，人们对女性美的审美评判认知亦是随着时代更迭而变迁，透过时代特点鲜明的美人形象，能更好地帮助我们理解这一点。

● 先秦时代的女性——原始崇拜，清秀自然

上古时代，由于社会生产力落后，尚处于蒙昧期的先民们应对复杂的自然生存环境的能力不足，由此生殖和生产的标准成为母系氏族社会生活中女性美的重要尺度。从历史博物馆中所看到陶器文身和早期石雕等重大文物发现以及以《山海经》为典型代表的古书典籍对原始社会生活的描绘，不难发觉，其中所刻画的女性角色大都具有粗壮结实、丰胸腰圆等明显的生育特征。在充满先民天真烂漫想象的神话故事中，人类造物主女娲“人面蛇身，一日中七十变”，西王母“其状如人，豹尾虎齿而善啸，蓬发戴胜”，更是体现了对原始自然和女神的敬畏崇拜。

“红颜祸水”，过去的史书简单粗暴地认为夏亡于妹喜，商亡于妲己，西周亡于褒姒，以及春秋晋亡于骊姬。这便是历史上著名的“四大妖姬”。史书上对于她们的评判鲜有正面修辞，她们美艳绝色以至于君王废朝，其姿色可见一斑。古书对褒姒的外貌描写是“目秀眉清，唇红齿白，发挽乌云，指排削玉”，难怪冲动似魔鬼的周幽王搞了烽火戏诸侯的大新闻。女性美成为那个君权时代的牺牲品。至于先秦时代，社会文明萌发，旧的政治制度受到挑战而在后期出现了权力的短暂真空，思想文化领域“百家争鸣，百花齐放”，人们对女性美的理解又有了新的认识。《诗经·卫风·硕人》里说，“手如柔荑，肤如凝脂，领如蝤蛴，齿如瓠犀，螓首蛾眉，巧笑倩兮，美目盼兮”。从美人的形体开始细细品鉴，由此及其容貌，再到对整体神态动作的捕捉，娓娓道来。再比如在《诗经·周南·桃夭》中更是用春日的柔嫩桃枝和粉艳桃花来形容女性之美如“桃之夭夭，灼灼其华”。这正成为自然清秀温婉的中国古典女性美的典型形象，也自此奠定了中国古典美学的基调。“鱼畏沈荷花”的古典美人西施便是典型的代表。

周文矩《西子浣纱图》

● 封建社会的女性美——鲜明的时代烙印

到了秦汉，中国古代自此进入被专制中央集权制度统治长达 2000 多年的封建社会，女性美的评判具有鲜明的时代特色。社会经济迎来快速发展，自汉以后，整个社会政治生态风向趋向于“外儒内法”，于是乎“姿相丰端，体格颀硕”，端庄典雅成为汉代宫廷选美的正统标准，但汉代的帝王贵族却对能歌善舞、姿态百媚的纤柔女性情有独钟。譬如舞姿轻盈的赵飞燕，以及众人所熟知的“闭月佳人貌若仙”的貂蝉，其身份也是歌女。这一时期的女性，着古朴简约的汉服，巾、带饰物较少，只用简单的发簪装饰。汉时期的上衣下裳的服制、粉白黛黑的妆容、丰肉微骨的体形，奠定了中国古代女性美的基本格调。《孔雀东南飞》有云：“十三能织素，十四学裁衣，十五弹箜篌，十六诵诗书”，充分展现刘兰芝贤良聪慧的个人素养，面见焦母，“足下蹑丝履，头上玳瑁光。腰若流纨素，耳著明月珰。指如削葱根，口如含朱丹。纤纤作细步，精妙世无双”，更是将美丽端庄、慧外秀中的传统女性形象展现得淋漓尽致，而这背后则是儒家纲常伦理美学的显现。

郑慕康《貂蝉拜月图》

中国封建社会的另一个高峰，是在唐朝。国力的强盛对各个领域产生了深刻的影响，政治清明，社会安定，百姓安居乐业，文人才俊辈出，民风包容开放。初唐以清瘦为美，逐渐在盛唐转型为以丰腴健康、雍容富态为女性美的重要准则，女性穿着大胆奔放，大有超现代的前卫性感，甚至出现胡风妆容，这些无不可以从《步辇图》等唐代文学艺术作品中觅得踪迹。《清平调》中的女主角杨玉环无疑是这一时期女性美的典型。

盛唐以降，“盛极而衰”，宋人开始崇尚纯朴淡雅之美。李师师是宋代美人的典型，女性美从华丽开放走向了清雅、含蓄，人们对女性美的要求渐渐倾向文弱清秀：削肩、平胸、柳腰、纤足。宋元明清时代理学逐步登上历史舞台，在女性审美方面提出了更多严苛甚至病态的要求。缠足陋习始于此，到清朝发展成拥有三寸金莲的女子方为美，显然是女性审美的倒退。

阎立本《步辇图》

- 清末以降的女性美——文明冲击，开放多元

封建社会晚期直至民国时代，受到西方思想文化的冲击，这一时期的魅力女性接受西式开明教育的熏染同时保留了旧时温婉气质，民国的改良旗袍更是将东方古典女性的典雅与性感呈现在世人面前，明星胡蝶与民国才女林徽因是这一时期女性美的典型。

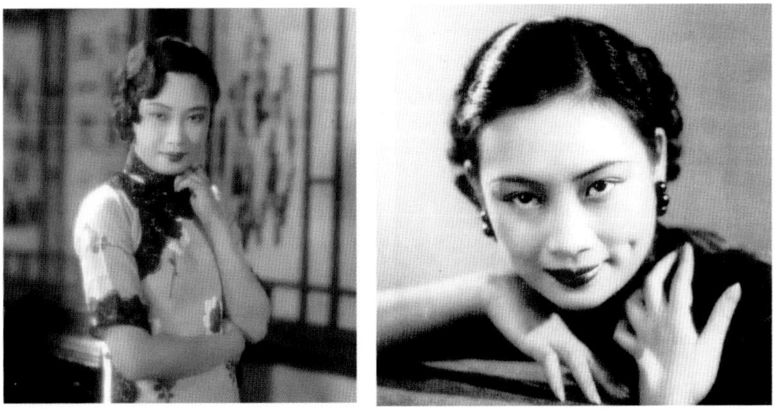

胡蝶

中华人民共和国成立后，尤其在改革开放以后，整体国民的审美意识再一次被唤醒，开始与现代化都市审美情趣接轨，越来越多的外国美妆品牌进入中国女性的视野，琳琅满目的美妆产品层出不穷，女性对美的追求则更加主动而热烈。

中国数千年的历史背后，是中国美学的积淀。费孝通老先生的“各美其美，美人之美，美美与共，天下大同”这句话同样适用于追求美的每一个人，美从来没有单一的尺度标准，古今都是如此。在审美多元化的今天，更应提高自我的审美情趣，真实地展现自我的独特审美趣味。

第三节　男性审美

从3000年中国历代美男更迭看中国的“男性审美”

中国数千年的历史，王朝旋起旋灭，为后世留下了丰富灿烂的文化，包括珍贵的史学典籍、脍炙人口的诗篇辞赋、妙趣横生的曲调小说等。而这多样纷呈的文学艺术表现形式背后，离不开人们对生活美学的探究。谈到“美”的范畴，能让所有人最先想到的，便是以中国古代四大美人“沉鱼落雁，闭月羞花”为典型代表的女性审美，无数的美人形象在瑰丽的文学艺术领域中流传至今。既有绝色佳人，想必自然也有风流才子。历代古书对美男子的记载不曾有过懈怠之意。

- 先秦时代的美男——风雅温润，能言善辩

《诗经》中就有很多对男性美的诠释，“彼其之子，美如英……美如玉”，说的是意中男子仪表堂堂，如美艳鲜花，温润如玉；“充耳琇莹，会弁如星”，讲的则是美男子耳垂良玉，头戴镶着宝石的帽子，像星辰一样闪耀；“如金如锡，如圭如璧”，如青铜器般精坚，如玉璧般庄严；至于男子的谈吐则风趣幽默，“宽兮绰兮，猗重较兮。善戏谑兮，不为虐兮”，生动地刻画了这一时期美男风雅温润的审美意象。

同时，先秦时代迎来了中国古代历史上第一次思想解放高潮，相对自由的社会大环境成就了诸子百家争鸣，思想领域空前繁荣，整个社会向学之风兴起，美男子的另一标准则是巧言善辩。“美如宋玉”常用来形容男子的俊美，古典美男宋玉，不仅面容英俊，更是才华卓越，吸引无数女子为之倾心，其诡辩才华在《登徒子好色赋》中显露无遗，自己不为有倾城之颜的东邻美人所动，却将实际上不弃糟糠之妻的登徒子说成是好色之徒，自此登徒子背锅成为后世色狼的代名词。据史学研究，宋玉师承屈原，而屈原据推断也是一位美男子，离骚中他替以蕙纕，申之揽茝，表明先秦已有了男子将自然美好事物佩戴其身作为装饰的开端。

- 秦汉时期的美男——英姿健硕，文武双全

秦汉时代，是一个崇尚武力征伐的历史时期。专制集权国家刚刚建立，社会整体稳定发展，边境常有外敌袭扰，这时期的男子希望在战场上建功立业，男儿气概成为社会

的刚需。史书只简要介绍秦将蒙恬、蒙毅是面如冠玉、身形魁梧的美男子，对于其他方面描述甚少。苏轼笔下“羽扇纶巾，谈笑间，樯橹灰飞烟灭”，雄姿英发的美男子周公瑾是这一时期尾声的典型，此外这一时期少有传唱较广的美男子。

- 魏晋时期的美男——阴柔飘逸，才俊辈出

继春秋战国之后，魏晋成为中国历史上时局动荡的又一时期。北方战乱不断，政权更迭频繁，少数民族政权入主中原迫使“衣冠南渡”，沉重打击了汉族士大夫的民族自尊心，饮酒、服药、清谈和纵情山水成为男子所普遍崇尚的生活方式。《世说新语·容止》有记载：“裴令公有俊容仪，脱冠冕，粗服乱头皆好，时人以为玉人”，可窥见当时将解衣散发视作洒脱飘逸之举，在现在看来可就显得有些油腻而不修边幅了。“掷果盈车”的第一美男潘安、龙章凤仪的竹林七贤领袖嵇康、卫玠和兰陵王等一众广为人知的美男子皆出现于这一时期。这一时期可谓是美男的盛产期。他们中一部分才貌双全，当然也有以美貌闻名于世。这种感官外化成为审美的重要尺度。

孙位《高逸图》（为《竹林七贤图》残卷）

魏晋男子的另一时髦追求是敷粉化妆和熏香。曹植接见名士的时候就会敷粉。男性审美趋向女性的阴柔之美，是这一时期男性美的典型特征。

- 魏晋乱世之后的古代美男——淡出视野

自魏晋南北朝之后，国家终于实现统一，男性美逐渐淡出文学艺术领域和平民大众的视野。在国力强盛、外交频繁的唐朝，一边是贵族男子会进行美妆尝试，使用西域贡品香薰熏衣，蓄长指甲并精心打理，以诗歌刺青文身，以芹菜捣泥敷面等，那边厢，张易之、张昌宗作为女皇武则天的绝色男宠，却少有古籍大幅介绍。这是因为科举制度的推行，使得社会向学之风再一次兴起，人们对美男的关注自然减少了。

- 近现代的美男——文化冲击

近现代中国的男性美审美标准受到舶来文化的冲击。无论是从中国香港经典影视片走出的花样美男，还是日韩剧目里外表精致内心细腻的男主角，无不潜移默化

地影响着中国男性的审美观，而其间女性审美观在男性美的评判中越来越具有话语权。随着社会的多元和开放，中性美成为男性美新的范畴。

3000 年历代中国的美男子，是不同的历史时期和不同的审美尺度评判下的产物。纵观历史，世俗的眼光在不断变化，但无论如何，每一个人对美的追求热爱从未缺席。

第四节　大美中国

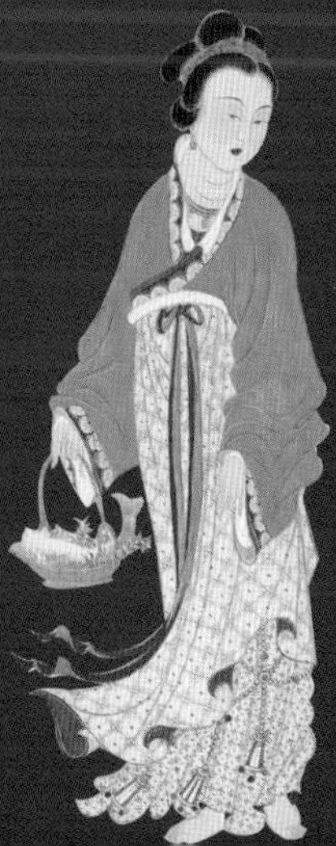

东方美妆文化如何影响全球

在孕育东方古典文化的中国，生活在这片土地上的人们对美学的探究从未停止，从原始社会延续至今。在当代的美妆文化中，依然可以发觉前人的身影。

- 惊艳唐妆，引领世界潮流

华贵鲜艳，人们常常这样形容牡丹，用牡丹形容妆扮艳丽大胆的唐朝女子最为精妙。一改前朝风尚，花颜云鬓、黛眉轻挑、妆容浓艳，成为唐朝女子的妆容典型，后世称“唐妆”。

唐妆的妆面多用桃红、紫红等华丽大气的颜色，由此又称为红妆。“去年今日此门中，人面桃花相映红”，据说杨贵妃夏天流下的汗都是红色的。并且唐妆中，女性会涂上厚厚一层颜色偏白的底色。这其实就是现在化妆步骤的上粉底，整体妆容强调线条感，鲜艳的红妆与底色形成鲜明对比，被认为更能彰显女性的妩媚姿仪。此外，还会在额间涂上黄色，称为“鸦黄”。唐朝的眉妆样式繁多，流行眉形短阔斜斜上挑的“蛾眉”，同时喜欢用人工石黛画眉，这使得翠眉成为后世美女的代称。唇色多采用玫红、桃红色，作“朱唇”，类似花瓣并有意缩小的唇形合上时显得非常娇美，甚是可爱。至于腮红，一般都会将其晕染至发髻线边缘处。再有就是口脂，皇帝赏赐口脂给军士用来防止冬日嘴唇皲裂，而煎紫草而成的“紫口脂”则是女性专用，也便是现代意义上的润唇膏和口红了。

张萱《捣练图》（局部）

正是由于唐朝清明开放的政治生态，加上强盛的国力，长安成为国际化大都市，万邦朝宗，大唐成为世界各国学习的典范，才有了世人皆知的鉴真东渡和一批又一批遣唐使。唐妆走在时尚潮流的最前沿，唐朝女子个个都是美妆达人。于是，在日本浮世绘中的仕女图，乃至现今的艺伎妆容依然可以窥见唐妆的身影。

- 东方美妆文化的突围

可以说，大唐帝国成为中国向世界传播东方美妆文化的开端，却没想到这竟然也成为绝响。此后的中国，虽有发达的海上丝绸之路对外贸易，郑和完成七下西洋的外交壮举，抑或是形成“康乾盛世”的政治生态，但世界的焦点已不在中国，东方美妆文化几乎进入了独善其身的格局，甚至受到西方文明的冲击，当代数十年来受欧美和日韩的影响，舶来美妆品牌和美妆文化越来越多地占领中国市场，代表东方美学的美妆文化面临严峻挑战。如何让东方美妆文化重回世界舞台？

回溯历史，窈窕淑女、西施貂蝉、环肥燕瘦等为我们深刻揭示了女性之美；高雅君子、潘安宋玉、竹林七贤等则是对男性美的大胆褒扬。透过这些，我们所能领略到的是不同历史时期的审美尺度，正是它们共同构成了东方美妆文化的精髓。了解这些，有助于我们更好地回答东方美妆文化所代表的理念内涵，才能更好地跟其他美妆文化区分。

大唐为美学文化交流提供了典范。要让东方美妆文化再次走向世界舞台，离不开与世界各国美妆文化的交流联系，扬弃与博采众长，更要植根于古典传统美学，保持东方美妆的鲜明特色。

可喜的是，国货美妆品牌近年来如雨后春笋般快速生长，我们有理由相信，会有越来越多的力量为东方美学背书，让东方美妆文化重回世界舞台。纵使时代变化更迭，不变的是人们对美好生活的无限热爱和对美妆文化的不懈追求。

第二章

原始时期：美妆缘起

第一节　审美

告别茹毛饮血，生而为人，为美而狂

在茹毛饮血的原始社会，人类对于“美”的概念有些模糊，他们无暇去定义美，他们虽然并不知何为“美”，但却一步步在追求美的道路上慢慢前进。追根溯源，生而为人，在人与自然、人与人的交错影响下，“美”悄然诞生。在生产力水平极低的原始社会，究竟是什么能够成为原始社会的审美标准，又究竟是什么定义了原始社会的审美价值？

提起大众对原始社会的印象，大多数人脑海中会出现衣不裹体、满面文身、披头散发等标签，甚至在各大百科及电视节目上经常会以“野人”作为噱头，引起观众及读者的好奇，去了解原始社会的真实面目。如何正确打开原始社会的大门，原始社会是否真如我们脑海中所回想的那些标签一样，“野人”又该如何被真实诠释。围绕审美标准与审美价值，在此展开一场“野生”“野蛮”“野性”的美学盛典。

“野生”——追求信仰的审美价值

“野生”——他们所处的环境绝对原生态。在一步步进化到原始社会阶段，人类虽与一般动物有着很大的区别，但是仍然还处于“四肢发达，头脑简单”的阶段，面对瞬息万变的自然现象、突如其来的自然灾害，在没有科学依据的当时，他们只能用所能想到的方式去解释自然，也就有了早期的“神灵说”、图腾的产生。

图腾就是原始时代的人们把某种动物、植物或非生物等当作自己的亲属、祖先或保护神。考古学家在尉迟寺遗址的中心位置，出土了保存完整的图腾文物——鸟形神器，其高度约 60 厘米，下部为圆柱体，中部为圆锥体，顶部伫立着一只神鸟，在陶器两侧，还有如同双翅的手柄。占据着顶部中心的神鸟，似乎象征着所谓的神力来帮助人类抵御不可控的未知世界，对自然的敬畏成为原始人保护自己、与自然相处的一种方式。

在对自然保持好奇的同时充满敬畏，由此衍生出来的图腾，相当于自然与人类之间连接的一种信物。这种信物在早期不是以美作为价值标准，而是以能抵御未知力量作为保护自己的“护身符”、能在他们认知之外的世界里给予自我心理安慰即信仰作为

鸟形神器

价值标准。

● “野蛮”——自我保护的审美价值

“野蛮”——他们的相处方式绝对野蛮。面对人与自然双重的压力，依靠“神灵说”如果可以暂且获取心灵上的信仰，那么猎捕、部落则能够让他们获得真正的安全感。

在险象环生的动物世界里，为对抗猛兽，除了依靠石器和蛮力，人类利用其聪明智慧，从衣着服饰的兽皮大衣到面部的绘面，进行了一次“全副武装”，由此产生了兽衣、饰品、绘面等具有自我保护意识的审美。

在兽皮的基础上进行整齐切割，缝制成筒状，两侧上端各留一口，中央挖一个洞，以便伸出双臂和头，下衫加长就形成了袍服。最早的袍服出现在甘肃河西干骨崖出土的新石器时代舞人陶罐图案中；饰品则是以动物的牙齿、羽毛、犄角，稀有贝壳和玉石为主，早期就已出土了不少山顶洞人饰品，包括兽牙串饰等饰物；绘面从彩泥涂面慢慢涉及彩泥涂身，从我国现存的最早出土的远古面妆文物——约 6000 年前的三件彩绘陶塑人头像，可看出绘面的特征，黑墨涂抹的额间、眼底和两颊，带着不同方向的规则花纹。从这些服饰妆面虽很难看出所谓的美感，但原始社会弱肉强食的自然法则里或许只有使用“野蛮”的方式才能成为王者，才能不被自然界所淘汰，这也是早期野蛮的相处方式给原始人类增添的一层“保护色”。

- “野性”——追求自我的审美价值

“野性”——他们所拥有的人格特性绝对野性。他们不甘被客观存在的外界环境所征服，不甘于满足现有的状态，努力地与自然不断地进行更深入的相处。

释放真我，拥抱自然，他们对于美的追求不拘一格。我国青海柳湾曾出土了一个彩绘人像陶壶，壶上描绘了一个赤裸的妇女，其头发呈披散状，是典型的披发发型；青海大通县上孙家寨出土的大通舞蹈纹陶盆上即绘有梳着发辫的舞蹈者，是典型的编发发型；甘肃秦安大地湾出土的齐耳短发人头形器口彩陶瓶，是典型的短发发型。披头散发在现今被当作摇滚青年表达生活态度的一种方式，编发成为嘻哈风格的一种潮流，短发则是新型女性独立自强的标志，而在此更愿意将原始社会的“披发”“编发”“短发”诠释为不拘一格。无论是粗犷狂放的“披发”，还是密密麻麻的“编发”，抑或是简洁短快的“短发”，都体现了当时人类对于美的追求。充满野性的求生欲望、充满野性的生活方式、充满野性的自我追求，不在意美却无意间为后世的美创造这么多种可能，野性、不拘一格就是他们在不同时期不同状态下找到最自在的“美”、最真实的审美价值。

“野生”“野蛮”“野性”的美学，呈现了原始社会的审美标准和审美价值，而由图腾、兽衣、绘面等原始社会的服饰妆容所产生的关于美的萌芽，虽审美标准和审美价值与现今不同，但也在一定程度上促进了中国美学史的进一步发展。

德国学者 E. 格罗塞曾在《艺术的起源》中说：“我们对于原始妆饰研究得越深刻，我们能看到它和文明人妆饰的类似之处就越多，而我们终不能不承认这两者之间很少有什么基本的差异。”无论是原始人类野性的审美还是现今多元化的审美，都顺应时代的价值趋向，美不是一个虚无缥缈的客观存在，而是我们每个人对于时代的主观存在。

告别茹毛饮血，生而为人，为美而狂，审美的差异虽终结于时代，但追求“美”的心却永无止境。

文面，别样野性风情

如今很多人为了达到大众的审美标准，不惜去割双眼皮、垫假鼻梁、填充尖下巴，看似举动疯狂。但爱美的原始人较之有过之而无不及，文身、穿耳、穿鼻、穿唇，完全不在话下。原始审美的发展速度虽然缓慢，却推动着人们欣赏美，记录美，创造美。

人类社会的最初阶段就是原始社会。大家眼中的原始人多是刀耕火种、茹毛饮血、野蛮落后、用树叶遮羞的形象，却不知当今的造型服饰很多都是出自这些“野蛮人”之手。

在原始人有生活意识的同时，就有了爱美的需求。原始社会虽然环境恶劣，但依然孕育着美。根据原始社会的文化和习俗可知，如今社会流行的一些东西，比如泥状面膜、发簪、发型、项链等，其实很早以前就有了，我们只不过是在精益求精。

说到为美痴狂，不妨看一下原始先民挥洒自如的野性魅力。考古学家根据相关面妆文物证实，原始人面部不同方向的规则花纹，就是化妆意向的萌芽。他们对美的追求体现在装饰上，最明显的莫过于身体。将不同的颜料涂抹在脸上，这就是面绘的开始，和后来戏曲人物脸谱发展历史有直接联系。不过面绘颜料容易脱落，原始人就直接采用文面，顾名思义就是在脸上刺青。

基于当时技术条件有限，原始人利用荆棘刺等尖利物在脸上绘制好图案，然后进行颜色填充，这样就可以使纹饰永久留于脸部。可想而知他们是凭借多大想象力和创造力完成的。虽然过程痛苦，但是他们认为这美丽至极，并引以为荣，认为可以彰显自己的魅力。

文面的目的主要有两个，一是吸引异性，恐吓敌人，二是敬畏自然，表达信仰。把神秘而又令人恐惧的观念渗入审美意识，不是“为了艺术而艺术”，而是为了生存而艺术。

而这些绘面艺术不仅具有深刻的内涵，更具有较高的史料价值，以生存和自然物像为主，是现在研究仿生学原始文化的重要符号。原始社会的审美依附于生态，花纹的图案大多是自然景象或模仿动物形态。原始彩陶的装饰样式，表现得尤为明显。1978年，河南仰韶文化遗址出土了一件陶缸，其腹部的绘画中出现了鸟纹与木柄石斧组合的图案，证明人们在征服自然的同时，也能和自然和谐相处。

原始人追求的是在审美活动中获得满足感、愉快感，既有审美意识，也夹杂着精神需求。不过文面这种习俗现在已经无人坚持，虽说这是基于历史和民族特色形成的独特民俗，是本应保护的非物质文化遗产。但它的消失，也是文明的推进、历史进步的必然趋势。

从古至今，人们对于美的追求从未停止，只是社会观念在改变，技术在进步而已。

爱美是人类的天性，“美”自带一股令人无法抗拒的力量，给人信心，赐予希望。以文明自居的现代人，始终也未能脱离部落属性。你用异样的眼光看待原始人的审美，在千百年之后，子孙后代也会用同样的眼光看你，并且可能会大呼“野蛮至极”。

“美不尽相同，却应同等对待。”

第二节　美妆

护肤的萌芽：本草护肤

讨论中国美妆文化，必须要分两个层面——护肤、彩妆。中国传统的护肤方法离不开“本草”两个字。中国自古以来都极为推崇本草护肤、天然护肤的理念，可以说中国千年以来的护肤史其实也是一部“本草护肤发展史”。至今我国对于中草药的开发和利用，在世界范围内都处于遥遥领先的地位。

本草护肤，是我国区别于全球其他国家传统护肤文化的显著特征。虽然其他古文明也有过利用中草药的尝试，但因为文化断层，并未自古至今传承下来，故我国成为全球范围内“本草护肤”成绩最突出的，也影响了日韩等东亚国家在本草护肤上的发展。

● 追根溯源——神农氏尝百草

《神农本草经》中记载的“红玉膜”“浮萍膏”“面黑令白方”“三花除皱液”等，都具有美容效果。我国的本草护肤理念可追溯到上古时代，也就是神农氏尝百草的传说。

上古时期，生产力水平低下，发展极为落后。人们经常食不果腹，患病受伤，对治疗药物毫无认知，五谷和杂草外形又极为相似。人们对于哪些植物可以放心食用、哪些草药可以治疗疾病都处于未知的状态。只能听天由命任其发展，饿死病死已成常态，所以当时死亡率很高。

为此，神农氏决心尝百草，体察植物本质属性。在这个过程中，既发现了可以食用的粮食作物，也找到了攻毒祛病、有养生保健作用的中草药，其中有些具有一定的药用价值。神农氏长久坚持，积累下丰富的药物知识，并以文字记载成《本草经》。神农氏几乎尝过所有植物，“一日遇七十毒”，最后尝到一种名叫断肠草的绿叶黄花含有剧毒的植物，从而失去性命。神农氏虽然去世，但他救世济民、无私奉献、敢于实践的精神受到世人的敬仰，并被永久传唱。

后人在神农氏的基础上，逐步验证、巩固与增加，最终以书的形式将成果保存下来，也就是《神农本草经》。该书被誉为中药学经典著作，也是中国最早的中草药学的经典之作，对中草药的发展一直产生积极的影响，发展至今已成为世界闻名的中医药宝库，具有很大的借鉴和研究价值。

- 历代本草美容案例

我国古人在几千年前，就已经知道利用天然药物内服或外用达到美容的目的。唐代太平公主，利用桃花末入药，或涂于面部或涂满全身，肌肤尽显红润光泽之态。桃花不仅能美容养颜，还可促进血液循环。宋代流行的洗面方，结合了多种药物，使用后不仅润泽肌肤，还可治疗一些面部恶疾。武则天经常使用麦冬和白及来做面膜，兼具美白和淡化黑色素的功效。慈禧太后则使用茯苓和蜂蜜达到美容养颜的效果，也使用中草药来熏香，每天坚持就会面若桃花，精力充沛。

中草药可用在洗面、护肤等美容方面，这样的例子多不胜数，伴随时代发展，一直延续至今，今时今日，依旧活跃于美妆护肤行业，从未被忽视。

本草护肤是中华5000年医药文化的积淀，从中国流传到国外，之所以如此受到欢迎，最重要的一点就是成分安全。将植物的不同部位入药，相对于化学产品更易被吸收，让肌肤回归到自然柔美的最佳状态，历经数千年的实践与检验，安全性和有效性已得到充分证实。在未来，本草在美妆护肤方面将会占据越来越重要的位置。

有些人往往把文身和一些不好的印象联系起来。其实自文身产生起，便不断地被人类赋予某种意义。早在人类文明出现以前文身便已产生，在语言和文字出现以前，原始人类已经开始用文身来伪装，以及区别族群。

文身对于原始人类而言，也是最早的彩妆——在这一点上，无论是中国还是国外，全球的古人类都是类似的。所以研究彩妆，绕不开对于全球各个民族古人类的文化探讨。

摆脱劣性标签，追溯文身起源

文身的起源比我们想象的还要久远。考古学家在古埃及金字塔，距今约 4000 年的木乃伊上发现了明显的文身痕迹。男女贵族身上各刻有明显的文身杰作，文身被用作当时人类社会等级和部落联盟的区分。据推算，文身可能始于 14000 年以前的石器时代。

早在原始人类时期，原始人就地取材，使用白泥或颜料在身上、脸上画出纹路。别以为这是很蠢的行为。画满纹路的身体能够很好地与自然环境融为一体，既是装点，更是自我保护。他们最初用黏土、油脂或植物汁液来涂抹身体，并认为这对身体是有益的，如古代人有以动物油膏涂身的，后来他们逐渐产生审美认知，认为这样涂抹身体是美的，于是开始为了美而涂抹身体。除此之外，另一部分原始人以动物图腾来绘身，在皮肤上绘出部落祖先的动物图腾，于是图腾逐渐成为本氏族成员的标志，文身也成为同氏族成员彼此认可的互通“语言”。

芒砀山汉画像石上的“百熊率舞”图（局部）

更有趣的是，文身还代表了原

始人获得性生活的权力象征。乍听起来似乎有些风马牛不相及，其实，即使是原始时期，文身也并不是想文就能文的，而是必须在特定的时间，一般是成年仪式。而成年又象征着可以开始过性生活。因此在当时，文身又被看作痛苦与美好的共生，足以让即将步入成年的人充满向往。

不仅出现于某个民族或地域，文身在整个古代世界都纷纷出现并流传甚远，克里特岛、希腊、波斯，甚至公元前2000年传到中国和缅甸。

- 文身＝潮文化？中国文身发展简史

聚焦中国，现代一些年轻人以为文身是一件很潮很酷炫的事情。其实早在先秦时代，江浙地区的吴越族群就有“断发文身”的习俗，“断发文身”顾名思义就是剪短头发变换发型，在身体上绘制图案，既是吴越地区人民的生活风尚，又体现出他们对图腾的崇拜与敬畏之情。《史记·吴太伯世家》载：太伯、仲雍二人乃奔荆蛮，文身断发，示不可用。《左传·哀公七年》载：仲雍在吴“断发文身，裸以为饰”。《谷梁传·哀公十三年》载：“吴，夷狄之国也，祝发文身。”《史记·越王勾践世家》载：“越王勾践，其先禹之苗裔，而夏后帝少康之庶子也。封于会稽，以奉守禹之祀。文身断发，披草莱而邑焉。”《淮南子·泰族训》对文身的解说是“刻肌肤，镵皮革，被创流血，至难也，然越为之以求荣也”。另外，《说苑》《墨子》《韩非子》《礼记》等书中都有类似习俗的记载，可见断发文身是吴越族群的鲜明标志。

中国早期的文身叫作入墨，后来作为一种刑法叫作黥，初犯刺左臂，再犯刺右臂，三犯刺脸部。当时文身被视为羞耻的象征。而文身作为一种习俗，有一个发展、演变的历史过程。在唐以前，汉文古籍就说越人“敬巫鬼”“畏鬼神”。《淮南子》一书所说，这里“陆事寡而水事众，于是民人被发文身，以象鳞虫”，即“为蛟龙之状，以入水，蛟龙不伤也”。当时原始人类每日上山打猎，下河捕鱼，在丛林里穿梭，自然会对一些未知事物、有害动物等产生畏惧之感。然而，古话说：虎毒不食子。他们认为，只要自己身上有了鱼鳞、猛兽图案，便可化身“龙儿”“虎子”。因此，当时的文身其实是一种朴素的仿生，是人们为了适应环境，与自然和谐相处的举措。

到了唐宋时期，文身艺术达到了顶峰。当时京城的府尹对身上有花绣的人进行了一次查抄，竟然抓了三千多人，其中甚至有人身上文满了图案。

明时《百夷传》云：“不黥足者，则众皆嗤之，曰妇人也，非百夷种类也。”表明当时已进入父系社会，文身既体现男女之别，又区分民族之异。而《水浒传》中大多数绿林好汉都文身，到了明太祖登基后，他严禁国人文身，中国文身文化逐渐走向衰落。

- 文身的演化：徐徐拉开的美妆历史

文身，通过在皮肤上绘制图案，留下永恒的记忆。无论是图案抑或是字符，都是人们大胆展示自己的美丽、神秘、性感和无穷魅力的方法，更是独特个性的体现。正如今日日渐繁荣的美妆行业，我们在几十上百个色系中，挑选出最让自己心动的颜色，对镜描眉画红妆。不去想外界的眼光，只为取悦自己。从这个角度来看，美妆的出现更像是文身的另外一种演变。

与原始时期的植物汁液、油脂等涂身不同，随着人类不断进化，科学技术不断发展，也逐渐衍生出更加高级的审美，美妆行业也逐渐催生，人们更加关注面部的美容和美丽。跨越千年的美妆史，也开始随着人类的历史进程徐徐前进……

第三节　人物

本书将会在每一章节当中，对每一个时代的代表性人物，从“美”的角度来进行讨论，从而揭示这一时代的审美风格、美妆文化以及社会美学观念。而上古时期因为基本都是“神话人物”，对神话人物的探讨，难以具象化，只能通过抽象的解读来还原古人一部分的审美意识与美学文化。

女娲、神农、黄帝，这些在上古时期充满神秘色彩的神话人物，对我们而言并不陌生。由于上古时期人类未留下直接的文字记载，无法考证当时的人、事，使得现今影视、小说、游戏等常以此作为背景进行二次创作，赋予这些谜一般的神话人物多样的形象色彩。也正是这些历史人物的可创性，让我们对于他们的研究有了更为具象的现实意义。细翻历史文献，我们可以从古人的视角挖掘他们眼中上古时期人类的审美意识。

- 自带神话色彩的人物——女娲

《山海经·大荒西经》曰：“女娲，古神女而帝者，人面蛇身，一日中七十变。”人面蛇身，是我们对于女娲外貌特征印象最深的标签。

人面蛇身的描述，兼具拟人化和拟神化。人面是对其拟人化的描述。拟人化的描述拉近了人类与神灵的关系，贴近生活，具备解决问题的现实意义。上古时期母系社会占据主导地位，生殖繁衍是人类至关重要的一大生存法则，作为创世神，女娲造人的传说得以被信服。蛇身是对其拟神化的描述，蛇作为中国重要的“神物”——龙的图腾化产物，被赋予为一种受到褒扬、膜拜的圣物。在上古时期的生存环境下，依赖神灵的思想更为严重，女娲补天救世的传说广为流传。

山东费县潘家疃出土了伏羲女娲人首蛇身像，其中女娲身捧月轮，手持规，规矩象征天地方圆，日月象征日月运行。由此便可看出女娲在当时的地位及人们对她的崇拜之情。兼具拟人化母性光环及拟神化信仰光环的女娲，作为当时人们的心理寄托和情感寄托，产生了正面、积极、高大的审美形象，正是因为如此“优质”的审美形象才让女娲在现今依然能成为人们喜欢的神话人物。

● 一身才能的实干家——神农、黄帝

女娲的“光环形象”反映了人们在生存繁衍压力下，寻求比自己更为强大的“神物”作为自我保护的一种崇拜性审美。而神农、黄帝则用更为实在的“干货”和实干家精神推动了上古时期农耕经济及政治经济的发展，而其服饰及香料的演变也滋生了后期人们对美的具象化追求。

牛是古代的主要劳动力，以牛首人身为形象标签的神农，治麻为布，作五弦琴，创制蜡祭，这是神农这一形象最重要的普世价值。治麻为布，民着衣裳：众所周知，原始社会早期人本无衣裳，依靠树叶、兽皮遮身。后来神农发现麻桑可为布帛，教民治麻为布，才有了衣裳的起源，使后世的服饰发展迈出了重要的一步，开启了对于服饰审美的篇章。作五弦琴，以乐百姓：《世本·作篇》中记载，神农发明了乐器，“长三尺六寸六分，上有五弦，曰宫、商、角、徵、羽”，被称为神农琴。琴乐的兴起，衍生出的歌舞娱乐使后期专业的衣裳、妆容得到了发展。创制蜡祭：《神农本草经》所载药物许多都是香料植物或与香料有关，上古时期人们崇拜祖先神明，为了敬奉祭祀神明，便有了蜡祭的产生，神农伊耆氏还设立了蜡祭之礼作为年终大祭，以香气敬神，对于香的审美重视也滋生了后世对于香的深入研究。

与神农同时期的黄帝，和神农、蚩尤并称为“中华三祖”。但与神农不同的是，黄帝作为实干家主要表现在其政治功绩上：统一华夏，治国有方。而在美学发展史上他却被贴上“服装设计师”标签，在后世出品的《黄帝内经》中还可以考究当时时代对于服饰审美观的影射。

黄帝时期，发明机杼，元妃嫘祖始养蚕，以丝制衣，开始纺织劳作，产生了衣裳、鞋帽、帐幄、毡等种类，为服饰美学的发展提供了背景支持。如果说女有元妃嫘祖制衣，那么男就有黄帝来设计衣服。《周易 · 系辞下》中提到“ 黄帝尧舜垂衣裳而天下治，盖取诸乾坤 ”。黄帝所设计的垂衣裳，上衣下裳，看似在现今很平常的服饰设计，在当时却是服饰美学发展重要的一步，也为后世汉服的起源提供了不小的参考价值，至今，上衣下裳的着装风格仍广为人们喜爱。

《黄帝内经》中主张“ 任其服 ”，倡导“ 被服章 ”。“ 任其服 ” 认为穿什么都可以，体现了人们对于着装服饰淡泊无念的审美观，带有些许“ 无为而治 ” 的思想，追求简单朴素自在的穿衣风格。“ 被服章 ” 则是建议人们按照规章制度着装，带有封建等级制度的审美色彩，被定义被约束的服饰标准，一方面诠释了人们对服饰的关注度提高，另一方面限制了大众对美的追求。结合二者，既朴素简单又节制有度，看似有些矛盾，但都是人们服饰审美观念不断发展的印记。

美，是反映人类社会时代背景的一面镜子。从女娲、神农、黄帝不同的人物形象中都能看出其时代的审美观和审美意识，上古时期人类的审美观也在潜移默化地影响着我们现今的生活，而那些有待挖掘的现实意义让我们对美的未来充满期待。

第四节　典故

《山海经》中的上古时代，如何评价“美丑”

“美”这个字在人类开始创造文字的时候就首先被创造出来，而“美”的出现正是为了用来形容某一种状态。当人类开始直立行走，把兽牙、兽骨佩戴在身上，开始在周身文上图案的时候，人类就开始对这种状态孜孜不倦地追求。人类的身上对美的渴望，究其根本是对生命的渴望，这也造就了中国古代著作《山海经》的独特审美视角以及美学理念。

《山海经》记载了上古时代先民们的美学世界。首先，《山海经》包含丰富的地理学、宗教学、医学等的宝贵资料，同时也是中国上古神话最集中的典籍。而神话是一个民族无法超越的原始心理历程和难以磨灭的永恒记忆，对其中所蕴含的神话思维、审美意识的探索，即是对古典美学的溯源发现。

● “自然美”的独特审美视角

上古先民对美的关注从鲜活具体的自然物形象开始。而《山海经》关于自然景观的描写，表现出独特的审美视角。据统计，《山海经》中“美”字出现了29次，有美玉、美石、美桑、美贝等，其中“美玉”出现了12次，可以说基本都是对自然物“美”的推崇。

在《山海经·西山经》中有言，“瑾瑜之玉为良，坚粟精密，浊泽而有光。五色发作，以和柔刚”，对玉的色泽进行了非常细致生动的描绘，对玉这种自然物美的发现展现出先民关注自然外在形式的审美意识的萌芽，后世中国古代文学艺术作品与自然景观联系紧密，山水画、田园诗亦受此影响。

● “怪诞美”的浪漫表达

《山海经》也是一部公认的志怪奇书，司马迁感叹：其中怪物“余不敢言之也”，胡应麟视其为“古今语怪之祖”，其中描绘了大量人兽同形的神和现代人仍然难以理解的事物。譬如《海外北经》中，“相柳者，九首人面，蛇身而青”；再者《海外南经》中，“羽民国在其东南，其为人长头，身生羽”；在《大荒西经》里对大家熟悉的女娲的外形描述是“人面蛇身，一日中七十变”。

而这些光怪陆离的形象，多半和现代人的审美大不相同，这是因为在《山海经》的体系里，有着另外一种符合当时人们需求的审美标准。对于古代先民来说，在原始的生活状态下，经常遇到各种危险，而他们渴望拥有特异功能的神仙或人可以保护他们。这就造就了他们与现代大相径庭的审美观念，以奇形怪状与常人不同为美。

而他们所谓的美丑的定义具有强烈的感情色彩，即使一些神灵的形象怪诞，但由于他们对其的崇拜和喜爱之情，这样的形象成为美的代表。因此，上古先民的审美往往与实用需求、自然崇拜等心理感受交织在一起。《山海经》中对美丑的描述，虽然我们现在看起来觉得让人很难接受，但却可以理解，这就是美早期的实用意义。

“美学的对象就是感性认识的完善，这本身就是美”，延伸到当今社会，美与心理需求和感受也有着不可分割的关系，我们会因为美而感觉愉悦，感到心情舒畅。这正是审美的定义虽然不断变化，而美的魅力却丝毫不减的真正原因。

在美学欣赏上，人类的历史就可以称为一部美学史。中华史前时代是一个未有文字的前语言时代，这决定了器质创造是这一时期唯一的审美形态，早在史前文明时代，原始人就有把兽牙、贝壳等物品串成装饰品挂于胸前的习惯。而人类的美感起源，就来自史前文明的一块石头、一块兽骨、一枚贝壳……

● 旧石器时代美的觉醒

那么原始人是如何展示他们对美的理解呢？原始人最早开始使用人体装饰物的行为可以追溯到旧石器时代晚期，品种也多种多样，有石、骨、牙、贝（蚌）、蛋壳等。

在北京周口店龙骨山山顶洞遗址，曾挖掘出非常丰富的人体装饰物，有穿孔的兽牙、海蚶壳、小石珠、小石坠、鲩鱼眼骨和刻沟的骨管等。

其中穿孔兽牙达 125 枚之多，包括狐狸的上下犬齿 29 枚，鹿的上下犬齿和门齿 29 枚，野狸上下犬齿 17 枚，鼬的犬齿 2 枚，虎的门齿 1 枚，还有 2 枚残牙可能是狐狸或鼬的。此外，还有骨针以及制作精巧的石珠，珠子的表面也都被染成了红色。从这些装饰品可以看出，山顶洞人在当时已经有了明显的服饰文化和审美观念。

虽然当时出现的这些装饰物还都是对石头和兽骨等自然之物的简单加工，但由此我们可以看出原始人对于美的概念已经开始觉醒，并按照自己的理解去加工装饰物。

● 新石器时代美的萌芽

等到进入新石器时代，原始人的审美意识与他们生存环境之间开始互相影响。由于分布的地区、生存的环境不同，原始人在人体装饰物上也出现了材料、工艺、种类、形制、功能上的差别。

在黄河中上游地区，也就是如今的甘肃、陕西、山西等地区，出土的人体装饰品以骨制、陶制品居多，其次还包括少量玉制、铜制装饰物。而形制方面，以环状、珠状、管状为主，另外还有各种形状的饰片、坠饰和笄。这个区域的史前先民的装饰物主要集中在上半身，以手镯、手环为主。同时，在这一时期的人体装饰物也出现了审美之外的其

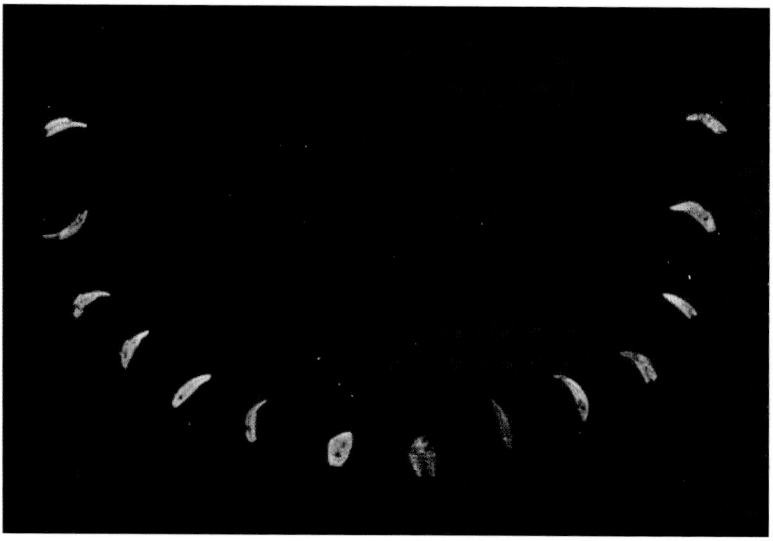

他内涵,如身份的象征等。

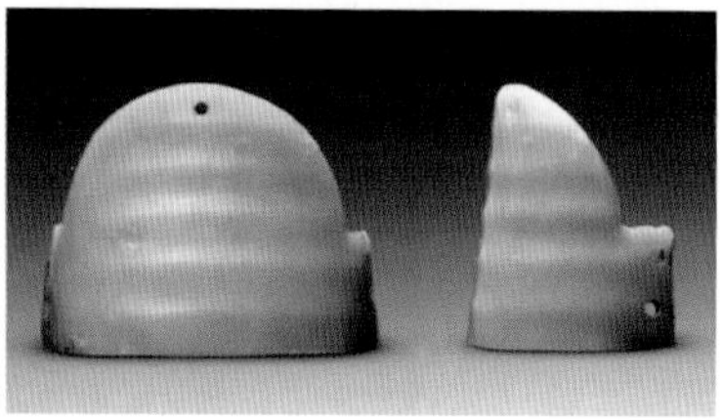

在青海柳湾墓地出土的一种大理石臂饰，直径仅为 1cm，通常一般成人的手难以套进去，但它们恰恰戴在死者的臂部或腕部。因此可以推断，这种臂饰可能是自幼就开始佩戴，至死也不取下的。

甘肃皋兰糜地岘新石器时代墓葬中，一具人骨在颈部围绕了 5 圈骨珠，计有 1000 多粒。这类串珠的功用似乎已不同于一般的颈饰，也许已具有某种特殊的含义。

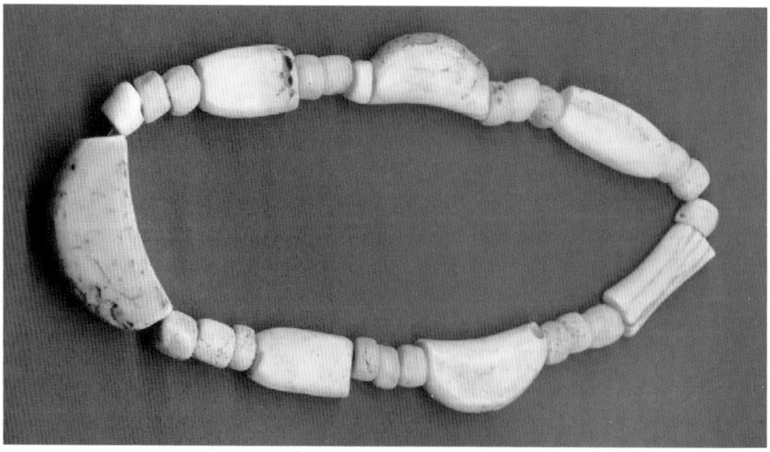

而在黄河、长江下游地区，出土的人体装饰物中骨制品、陶制品所占比例大幅度减少，多为造型各异、工艺精细的玉制、石制装饰品。有考古专家认为这与这一流域的土壤质地不宜制作陶土制品有关。

出土的人体装饰物形制虽仍以环类、筒类为主，但造型明显变得更加多样化，有臂环、镯、指环、珠、璧、小环等多种类型。而且这一区域的人体装饰品种显然已经不局限于上半身，而出现了束发器、脚环等装饰物，甚至出现了被后世视为“礼器”的琮、瑗等饰物。

美的追求，在本质上是一种精神追求，是满足心灵需求的方式。对于史前时代的原始人来说，美的发现与表现虽然不会像现代一样多种多样，但是那些石器、贝壳、兽骨都代表了这个时代的美。从那时开始，美已经在不断地改变着人类生活方式，成为人们追求美好生活的动力之一。

第三章

夏商周：素妆时代

第一节 审美

从礼乐建立到礼乐崩坏，先秦时代的审美标准

夏商周时代，结束了早期野性的原始社会，建立了奴隶制社会。在社会趋于稳定的情况下，夏商周时期的人们渐渐开始了解礼仪，懂得礼仪，由此开辟了中国化妆史的新纪元。

礼乐制的建立不仅在当时成为约束社会行为的一种方式，也从另一方面反映出了当时社会的审美观念，在此影响下人们对于美的认知初见雏形，就此探究从礼乐建立到礼崩乐坏的审美标准。

礼乐制下主流审美认知的转变

经历了漫长的母系社会之后，父系社会渐渐取代了母系社会成为历史长河中长久持续的社会形态，形成了男强女弱的社会地位关系。从礼乐建立到礼崩乐坏，时代变迁下关于审美的认知也发生着变化。

父系社会初期仍受母系社会影响，男女地位相差不大，西周时期“礼乐制度”的建成，确立了一套严格以男性为主导的机制，制度约束下女性需要服从“三从”原则，由此逐渐拉开了男女地位的差异，强化了男尊女卑的社会认知。从文献资料中对女性的描述可以看出，大多数女性形象偏向于柔弱顺从，女性主流的审美认知也以温婉庄重为主。

《诗经》中描述：“君子偕老，副笄六珈。委委佗佗，如山如河，象服是宜。”意思是誓和君子到白首，玉簪首饰插满头。举止雍容又自得，稳重如山深似河，穿上礼服很是适合。“委委佗佗，如山如河”，可见当时社会对于女性追求温婉庄重的审美认知。

然而西周末年，群雄并起，礼崩乐坏，女性的地位发生了微妙的变化。礼法的松动给予女性寻找制度空隙的机会，扩大自己的权利。同时，依靠农业为生的下层妇女因不受贵族政治婚姻影响，建立了以男耕女织为主的个体家庭，使得女性在婚姻上有了相对的自由。由此，女性产生了主动追求婚姻恋爱自由以及掌握主导权的意识，之前对于女性温婉庄重的单一审美认知已不足以支撑夏商周时期完整的审美认知，女性在主流的

温婉庄重之上增添了一份追求自由的个性，形成了夏商周时期多元化的审美认知。

- 礼乐制下细化的审美妆容的普及

礼乐制中的“礼”，严格划分了社会的等级制度，制度之下每个人都有其相应的身份，而面对不同的身份所“回应”的礼仪自然也不尽相同。

礼仪仪容作为一种彰显身份的象征，从女性仪容差异化的角度出发，也侧面反映了等级制度下人与人之间社会地位的不同。

商周时期，化妆似乎还局限于宫廷妇女，主要为了供君主欣赏享受的需要。其妆容基调普遍以素妆为美，妆容特征主要体现在三个方面。

一为白。《谷山笔麈》曾记载：“古时妇人之饰，率用粉黛，粉以傅（敷）面，黛以填额”，描述古代妇女用白粉敷面，用青黛画眉。晋崔豹曾在《古今注》中写道：“三代（夏商周时期）以铅为粉。”以白为美，已成为夏商周时期有代表性的审美特征。

二为红唇。《楚辞 · 大招》中就曾提到“朱唇皓齿”“稚朱颜只”，《登徒子好色赋》曰：“著粉则太白，施朱则太赤”，用以形容当时女性对唇色的审美倾向，从不少同时期文献中可以找到对朱唇的描述，由此可见红唇在当时女性妆容中的受喜爱程度。

三为长眉。《诗经 · 卫风 · 硕人》中提到了女性眉妆的描述，“手如柔荑，肤如凝脂，领如蝤蛴，齿如瓠犀，螓首蛾眉……”蛾，似蚕而细，据说蛾眉的来源与原始社会蚕蛹崇拜有一定联系，长眉也成为当时较为流行的眉形。而配合长眉，当时的女性常常以“黛”画眉，《楚辞 · 大招》中便有“粉白黛黑”的相关描述。

而礼乐崩坏之后，春秋战国之际，化妆才在平民妇女中逐渐流行，其妆容特征也普及至平民妇女当中。

- 礼乐制下审美方向的转变

深受礼乐制影响下的夏商周时期，妆容有了更为具象化的发展，与此相关的审美方向也发生了转变。

殷商时期，甲骨文中就出现了“沐”字。《说文解字》曾对沐注释说：“沐，濯发也。”而在距今 1000 多年前，也有过“香汤沐浴”的描述。为了配合化妆时方便观看容颜，人们还发明了铜镜，促进了化妆习惯的养成。

甲骨文“沐”

殷周时期，胭脂普遍应用于民间。胭脂为面脂与口脂的统称，作为红唇的化妆工具。关于胭脂还流传着一个有关商纣王的小故事，传说商纣王无意间用红蓝花汁加工而研制出了胭脂这种化妆品。

周文王时期，妇女已经广泛使用锌粉擦脸。锌粉为深灰色粉末状金属锌，用于颜料，其遮盖力极强。锌粉作为当时底妆的妆粉凭借强大的遮瑕力很好地呈现了以白为美的审美特征。

约在战国时期，出现了最早的黛眉，早期人们将柳枝烧焦用以画眉，后期人们用黛色的矿物质粉来画眉。

礼乐制下人们对先秦时代的审美认知从单一演变至多元，以素妆为美的审美特征从宫廷普及至平民，也正因此，使得审美不断地向前发展。审美终为人而服务，只要人们追求美的脚步不停，审美的发展便永不停止。

第二节　美妆

粉白黛黑：秦代以前的美妆真相

美，是个具有穿透力的词，而爱美是一个亘古不变的话题，在原始社会就已经形成了审美意识。古往今来，关于美的标准不尽相同。美可跨越时空，审美观念却受制于阶段性社会现状。女性作为美的最好载体，也推动着美妆文化的发展。

众所周知，秦代是红妆之始，开启了后代妆容的色彩化。而秦代以前的夏商周、春秋、战国时期则称为素妆时代，美妆上呈现“粉白黛黑”的特点。

古代每个历史时期，对美女的评判标准和侧重点都不同。秦之前，人们对于美的定位就是柔弱细腻，注重女子面部形象。当时深受诸子百家“重德轻色”的思想影响，人们就把“清水出芙蓉，天然去雕饰”当作审美的最高境界。所以女子基本不化妆，只是涂点粉而已。《楚辞·大招》中有记载：“粉白黛黑，施芳泽只。”可见妆容大体上呈现的就是粉白黛黑这个特征。这并非使女性黯然失色，而同样孕育着东方韵味美。

“粉白”

以粉敷面助其白是古代女性重要的化妆手段之一，类似现在用散粉和粉饼。据有关文献记载，这始于战国时期女性的化妆方法，也是美妆的一大进步。而粉则由来已久，有一种说法就是“禹造粉”（禹虽三过家门而不入，但极爱家中妻子，故以稻米研磨成粉，让其妻肤若凝脂）。自古以来都以女性肌肤白皙作为美的标准。基于当时条件所限，美白产品来源主要是植物类的米粉和矿物质的铅粉。

植物类的米粉，是将作物磨成白色的粉，掺入香料合成，涂于面部可使肌肤白皙细腻。由于是天然植物精华而制，无化学成分的添加，具备养颜护肤的功效。但是黏性不强，需多次补妆，光泽度也不够明显。

矿物质的铅粉就弥补了前者的缺陷，附着力很强，制作方法简便，可以轻易达到美白娇艳的效果。铅粉质地细腻，色泽洁白，其制作工艺接近于现代化妆品，皆通过化学手段制作，属于化工品的一种，在春秋时期得到很大的进展，制作出的铅粉细、白、轻。这在古代属于女性使用的高档化妆品，同样也有一个弊端就是技术有限，导致其中含有纯铅,有中毒的隐患。

其实“ 粉白 ”并非特指白色,也是粉色和红色的一种概括。红色可做点唇之色,当时人们也普遍追求红唇,在固有红色颜料的化妆品中加入动物油脂混合,再加入适量香料,就可以做成相当于现在的口红,增强光滑度和质感。

胭脂是面脂和口脂的统称,呈鲜艳红色用以饰面,使之油腻光亮,光滑持久。胭脂的制作材料就是红蓝花,在花开之时整朵摘下,经过加工提取,就可以做成鲜艳的红色颜料。除此之外,其他的花或果实也可作为胭脂的材料。文字记载最早的胭脂品种就是殷朝的“ 燕支 ”,将红蓝花捣成汁以此染红脸部。

● “黛黑”

“ 黛黑 ”形容的是女子的眉妆,指的就是用黑色画眉。黛,是一种藏青色的矿物质,脆软易染,可用作颜料。男子用来写字,女子用来画眉。将黛磨成粉状或加工成块状,然后加水调和使用,用于描眉美化面部。在此之前,女子是将柳枝烧焦后当作画眉用具。古代尤其注重眉妆,有眉目传情的说法。眉是面部最为生动之处,可以表达情感,交流思想。眉妆是仅次于面妆的第二道工序,也是很常见的一种化妆方法,更是古代女性传统的化妆术之一。也有女子由于天生眉形不好,会拔掉一些眉毛重新画,以达到理想的效果。

“ 螓首蛾眉 ”形容的就是宽宽的额头、细长而弯曲的眉毛,也成为后世女子追求 的主流。据说画眉之风兴于战国,当时女性已经开始修饰自己的眉毛了,有“ 蛾眉曼睩 ”“ 曲眉规只 ”“ 青色直眉 ”。

中国女性早有敷粉画眉的传统,通过化妆能表现人物独有

河南信阳长台关楚墓出土眉形为蛾眉的漆绘木俑

的美，改善人物原有形、色、质。化妆是一门古老而常新的学问，也是一门体现时代审美追求的艺术。而美妆体现了历代女子的不同追求，也是美化生活、自我完善的一种力量，美妆产品在未来也会不断地进行突破。古时虽然不及现代化妆品种类繁多，但也同样“百妆齐开”。

淘米水做洗发水，看古人的发之情结

“身体发肤，受之父母，不敢毁伤，孝之始也”，现代人也许对这段话并没有什么感触。但对于古人来说，对头发的珍视不亚于对其他身体器官的重视，这不仅仅是因为古人对外貌之美的追求，还因为发型在古代社会中是礼仪的代表，正如古人成人时都要举办隆重的“冠礼”。

古人的“冠”发之礼

“冠礼”起源于原始社会末期，但正式形成是在夏商周时期，进而逐渐成为人们较为重视的人生礼仪之一。

周朝是人类礼仪开始完备的时代，也是第一个将发型与礼仪相结合的时代。殷商时期，一般只有贵族才会留及腰长发，而大部分普通的劳动人民都是短发，或者干脆剃成板寸。而到了周朝，束发结髻的方式开始流行，而束发已经不仅是一种处理发型的方式，也逐渐上升为区分社会地位、礼仪宗族的标志。

在周朝时，人们对发型逐渐有了礼仪性的规定，不同的身份采用不同的发型，而不同的年龄也有不同的规范。《诗经·卫风·氓》中有言：“总角之宴，言笑晏晏。”当时人们会把小孩子的头发拢到一起，在头上扎两个抓髻，也就是所谓的“总角”。而等到孩子成长到20岁，就会为其举办“冠礼”，昭示着他正式成为成年人，只有能履践孝、悌、忠、顺等礼仪德行，才能成为合格的儿子、合格的弟弟、合格的臣下、合格的晚辈，成为各种合格的社会角色。《仪礼·士冠礼》记载：“始加（冠）祝曰：‘令月吉日，始加元服，弃尔幼志，顺尔成德。寿考惟祺，介尔景福。’再加曰：‘吉月令辰，乃申尔服，敬尔威仪，淑慎尔德。眉寿万年，永受胡福。’三加曰：‘以岁之正，以月之令。咸加尔服。兄弟具在，以成厥德，黄耇无疆，受天之庆。’”周朝，人们对头发以及发型的重视程度开始逐步加深，对于社会地位的划分也逐渐完善。那么当时的人们是如何保养头发的呢？

● 古人的“养”发之方

《左传·哀公十四年》记载：“陈氏方睦，使疾，而遗之潘沐。”杜预注云：“潘，米汁，可以沐头。”也就是说，春秋时期之前，古人就开始把淘米水作为洗发之用。为什么古人会选择淘米水作为洗发之用呢？先从淘米水的成分来说，淘米水中包含少量生物素、氨基酸、淀粉、酵素、维生素等，而这些成分对人体毛发的生长有一定好处。其次，淘米水具有天然温和去油脂的功能，能有效地去除毛囊里的油脂，促进毛囊的活化再生。

而淘米水养护的功效也传承到了现代，并且被现代人发扬光大。淘米水中的有效成分也被提取出来，添加在洗发水、洗面奶以及各种护肤品中。

“周礼”在周朝社会文化意识中具有至高无上的地位，而这里的“礼”包含“仪法”“仪节”和“仪表”三方面，其中“仪表”之礼就是人们如此重视“身体发肤”的原因。“周礼”首次把美与礼相结合，开始注重美与善的关系，强调人与自然的和谐，用“礼”来表达自己的美学主张。而人类美学的发展也从那时开始，从单纯的精神追求中脱离出来，开始与生活、社会伦理地位相结合。美开始融入生活的点点滴滴，随着人类的发展不断前行，不断地丰富和完善。

燕支：较早的彩妆

“燕支”是什么？乍一听像是一种古老又文艺的称谓。其实，它来源于一种草本植物，因其花为红色，其叶似蓝，又名“红蓝”。晋崔豹《古今注》卷下《草木》载：燕支，叶似蓟，花似蒲公，出西方，土人以染，名为燕支。中国人谓之红蓝，以染粉为面色，谓为燕支粉。旧谓赤白之间为红，即今所谓红蓝也。

说起植物，大家可能并无特殊感觉，也无暇去了解花花草草的名字。而在古代，人们依靠自然为生，大自然的一切都是可以开发利用的资源。比如燕支，人们发现它的花瓣中含有红、黄两种色素，花开之时整朵摘下，然后放在石钵中反复研磨，淘去黄汁后，即成鲜艳的红色染料，妇女将鲜艳的红色涂抹于面部，便是当时人们对美追寻的印记。

“燕支”可以说是较古老的彩妆形式，虽然它的命名方式有很多种，但本质上依然是涂抹于面部凸显貌美的一种彩妆形式。

● 燕支的起源

说到这里，大家应该可以联想到：燕支通胭脂。胭脂是面脂和口脂的统称，是和妆粉配套的主要化妆品。关于燕支的起源，并无定论。

有说燕支起于商纣时期，是燕地妇女采用红蓝花叶汁凝结为脂而成，因为是燕国所产而得名。也有人说燕支来自西北匈奴地区的焉支山，匈奴贵族妇女常以“阏氏”妆容粉饰脸面。公元前 139 年，汉武帝派张骞出使西域，收获颇丰，不仅带回了西域各族的生活用品和民族物品，也带来了异国文化。燕支的引进便是在此时。据考古学家记载，从长沙马王堆一号汉墓中出土的 2000 多年前的漆器梳妆箱中，除有梳子和香粉外，还发现有燕支。无心插柳柳成荫。燕支带回后，竟然引发中国古代女子面部化妆品的革命。宋程大昌《演繁露》卷七对此有讨论：古者妇人妆饰，欲红则涂朱，欲白则傅粉，故曰“施朱太红，施粉太白”。此时未有胭脂，故施朱为红也。在燕支传入中国之前，妇女脸上只能涂朱傅粉，要么太红，要么太白，很难调配。“著粉则太白，施朱则太赤”，人工妆饰反倒会破坏天生丽质。而燕支色正好介于“赤白之间”，可以避免“太白”“太赤”的极端选择。使用燕支粉的妇女便可涂脂抹粉，以燕支涂脸。后世所谓“脂粉气”，便是“燕支”化妆品革命所营造出来的独特的中国旧式女性气质。

从被发现起，燕支就注定不凡

由于燕支颜色美得恰到好处，传入中国就受到女性的热捧。汉代以后，女性化妆越来越常见。历代诗文中有不少描述：“谁堪览明镜，持许照红妆。”“阿姊闻妹来，当户理红妆。”“朱鬣饰金镳，红妆束素腰。”

到了盛唐时期，社会开放，万象包容。女性的社会地位也提高了，唐代女性拥有充分自由追求美。因此唐代时，女性饰红妆的记载更多。比如杜甫《曲江对雨》：“林花著雨燕支湿，水荇牵风翠带长。”黄庭坚《和陈君仪读太真外传》：“端正楼空春昼永，小桃犹学淡燕支。”采用拟人化手法，把粉红色的花朵比作女人面部的燕支粉，或“湿”或“淡”。“人面桃花”的故事，可能就源于此。

杨贵妃更是燕支的狂热追求者。王仁裕《开元天宝遗事》记：“贵妃每至夏月，常衣轻绡，使侍儿交扇鼓风，犹不解其热。每有汗出，红腻而多香，或拭之于巾帕之上，其色如桃红也。”正是讲了杨贵妃在炎热难耐的仲夏夜，汗水沾染在手帕上竟是桃红色。而桃红色，即是涂抹了燕支粉的缘故。王建《宫词》中也有类似的描写，说的是一个年轻的宫女，在她盥洗完毕之后，洗脸盆中犹如余了一层红色的泥浆。虽然在说法上有些夸张，但当时燕支粉的风靡程度可见一斑。

《宫乐图》

唐代以后，尽管妇女的妆饰风俗发生了很大变化，但涂抹红妆的习俗始终不衰。辽代妇女的红妆，虽不见于文载，但实例却屡有发现。如考古发掘报告所记，辽宁法库叶茂台辽墓壁画、山西大同十里铺辽墓壁画所绘妇女，“双颊全涂红粉”，反映了当时的风尚。这种习俗一直延续到清朝末年，由于女子教育的兴起，青年学生纷纷崇尚素服淡汝，才改变了这种妆饰现象。

到了现代，由燕支而引发的全民追美的热潮不退。也由于现代技术的蓬勃发展，燕支也逐渐细分出多样的彩妆产品，用于脸颊的腮红，用于唇部的口红、唇釉、唇线笔……单单就口红来讲，也细分出几百个色号，以及多种质地，极大地满足了现代女性对美与独立精神的追求。

第三节　人物

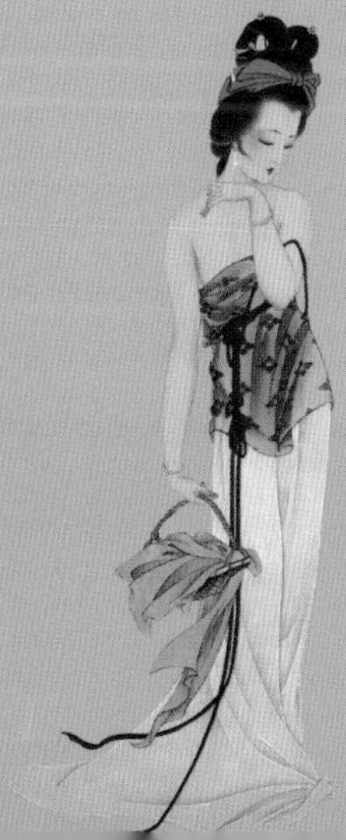

美的标准，如何评价妲己

无论是在正史、野史，还是文学文本中，妲己总是一个特殊而略显尴尬的存在，痛恨者对之极尽诟骂侮辱之语，同情者饱含同情悲悯之意，戏说者天马行空，大胆编撰演绎，对妲己这种莫衷一是的诠释解读既与女祸观念的历史发展变迁有关，也深受人性复杂性影响。妲己作为先秦时代美女代表之一，就是一个令人纠结的角色，一个“美”与“丑”的矛盾终结者。但她真的美吗，答案也不尽然。是美是丑，对此又该做何评价？

这里，我们试图评价“妲己”并非是针对这个具象的人物，而是通过评价“妲己”这类型的古代美女，来解析古人的审美标准、传统美妆文化，以及延伸出来的社会美学观念。

美的形容

妲己，历史上实有其人。她原是有苏氏之女，后归于殷纣，至于以何种方式归于纣王，史书上说法不一。《竹书纪年》载：“九年，王师伐有苏，获妲己以归，作琼室立玉门。”《国语·晋语》云：“殷辛伐有苏，有苏氏以妲己女焉。”《竹书纪年》提到的只是纣王获得妲己的时间与地点，《国语》涉及更多细节，透露更多妲己个人信息。首先古人对妲己的外在是肯定的。据《史记》记载，妲己是苏氏诸侯之女，乃一个美若天仙、能歌善舞、百年难得一见的绝世美女，人称一代妖姬。古书中也曾正面地描述妲己的美貌：“乌云秀发，杏脸桃腮，眉如春山浅淡，眼若秋波宛转；隆胸纤腰，盛臀修腿，胜似海棠醉日，梨花带雨。”虽然无法考究这是否是妲己真实的容貌，但每一个词都能看出古人对妲己美的认可和肯定。

蛇蝎美女，是古人对于妲己的形容。蛇蝎是古人认为最狠毒的东西，而用蛇蝎来形容一个人，情感色彩往往偏向贬义，有否定的意味。由此衍生的蛇蝎美女，就是比喻那些拥有好看的皮囊但内心狠毒、外表与内在存在较大反差的女性形象。

爱美之心人皆有之，帝王后妃佳丽众多，帝王特别宠幸某一女子是正常的人性欲求。帝王的英明与否与受宠的女子无关，朝政兴衰、国家兴亡也与之无关，在一定程度上能够决定国家兴亡的只能是帝王。李贽比较客观地认识到国家朝政决定权在帝王手中，而非女性造成的国家覆灭。李贽这种观点在某种程度上为背上亡国罪名的妲己等后妃女子正了名。唐甄则直接指出妲己等并非天生邪恶，而是由后天环境造成的，他说"然女子，微也，弱也；可与为善，可与为不善"，生存环境的好与坏造成她们性格的不同、人生的不同。入夏桀、商纣王、周幽王宫中，她们亡国败家，如若她们入周文王宫中，受其礼乐教化，则皆是窈窕淑女、贤妻良母。唐甄从出身、生活环境等方面挖掘妲己等人善恶的根由，而不是肤浅地盲从历史上大多数人的观点，对之加以否定。

李贽、唐甄从历史观、环境论出发对妲己进行评价，周之标、袁枚更积极地为妲己鸣不平。周之标说："一妇人岂能亡商哉？"她的女性立场让她从人性从女性的角度审视妲己，发现被历史遮蔽、被人为恶意扭曲丑化的妲己形象。周之标的女性视角让我们看到了不一样的妲己。

天赐美貌，天妒美貌——南子

子见南子，子路不说。孔子矢之曰：“ 予所否者，天厌之！天厌之！ ”讲到南子，不得不提孔子与南子的会面，名人的绯闻永远是普通民众的生活调味剂，时至今日，那次会面依然是令人费解的迷思。

孔子去面见南子，子路不满孔子和这样的人来往。孔子的回复让后人产生无限遐想。有人理解为：孔子认为他所讨厌并且绝不往来的人，是违背天道的、连老天都厌恶的那种人。虽说南子的名声不太好，但是并未做违背天道的事情。也有人解释为，孔子认为“ 我们不能接受的，是上天吝啬赐予美好的品格与美好的容貌 ”。各种解释纷纭，让真相变得更加扑朔迷离。能让孔子亲自会面，又赏识的女性，到底是个什么样的人物呢?

率真可爱，妒也是爱

南子，春秋时期女政治家。原是宋国的公主，后来嫁给卫国国君卫灵公为夫人。可是卫灵公并不是南子的恋爱对象，早在宋国，南子已与宋国公子宋朝（公子朝）相爱。公子朝俊俏，南子美丽，说不定也是一段感人的爱情故事。

可惜因为宋国实力较弱，为了联盟权贵，与卫国搞好关系，南子的命运从此便与政治紧紧相依，被送到卫国赠予卫灵公。卫灵公比南子大 30 岁，对南子宠爱有加。

历史上，对南子的个人评价并不好。刘向《列女传》中对南子的评价是：“ 南子惑淫，宋朝是亲，谮彼蒯聩，使之出奔，悝母亦嬖，出入两君，二乱交错，咸以灭身。”

有人批判南子生性淫乱，与宋国公子朝私通，还生了儿子，并立为太子，实为后世人所不齿；也有人不满南子干预朝政，卫灵公三十八年，卫灵公因大臣公叔戌对南子干预朝政不满，企图铲除南子的党羽，南子对卫灵公说：“ 公叔戌将要发动叛乱。”卫灵公三十九年春天，卫灵公驱逐公叔戌及其党羽，公叔戌逃亡到鲁国。

其实，归根结底，人们对于南子的评价也是基于个人主观情绪与心理。正如后世对孔子“ 天厌之 ”的解读：我们不能接受的，是上天吝啬赐予美好的品格与美好的容貌。

自古红颜便自带话题属性，特别是被置于政治旋涡之中，一言一行必定成为人人茶余饭后的谈资。或许，由嫉妒而生恨，可能是因为羡慕而不可得。

貌美女政治家，古代直男的天敌

南子不仅具有政治谋略，同时也美貌不凡。明眸皓齿，回眸一笑百媚生，亦纯真亦娇媚，美好的事物总是让人心生嫉妒，女人嫉妒她，男人倾慕她。

早在春秋战国，历史经历激烈变革，诸子百家争鸣，文化的繁荣也促进了艺术的发展，人们也更加注重对美的追求。那时的女性，虽然没有现代琳琅满目的彩妆品，但是因地制宜，具有独特的审美与妆容。

在当时，女性化妆已经是非常普及了。一个追求思想百花齐放的年代，一个追求美丽的时代，南子的美更加地被放大，被效仿，被暗暗嫉妒……

自古红颜多薄命。卫灵公去世后，南子便少了她的依靠。南子遵照卫灵公意愿，想立公子郢继位，公子郢推辞，于是改立蒯聩之子辄继位，是为卫出公。《列女传》称南子随后被卫庄公杀死，真是让人不胜唏嘘。女人即便拥有无尽美貌，但只要威胁到了男人的权势，就会被抛弃。美丽总是风雨飘摇，无所依附。

第四节　典故

盘点《诗经》《论语》中的美与美人

《诗经》是我国第一部诗歌总集，共收入自西周初期（公元前 11 世纪）至春秋中叶（公元前 6 世纪）500 余年间的诗歌 305 篇。而这 300 余首诗歌，不仅描述了这一时期人们的生活方式，还生动描绘了这一时期美的现象和形态。同时，《诗经》也是较早对女性美进行生动描写的著作，具有极其重要的美学意义。

《诗经》中对美的描写

《诗经》主要侧重于对女性美的描写，其手法多种多样，有直接描写女性容貌神态之美的诗句，还有通过描写品德、环境来烘托女性美的内容。其中描写女性容貌与神态的词有“美”“姝”“娈”“清扬”“窈窕”“静女”“美人”“佳人”“淑女”等。还有一些诗句如“美人之贻”“静女其姝”“静女其娈”（《邶风·静女》）、“美目盼兮”（《卫风·硕人》）、“有美一人”“清扬婉兮”“婉如清扬”（《郑风·野有蔓草》）。“窈窕淑女，君子好逑”（《周南·关雎》）等等。

同时《诗经》也开创了以花比喻女子的先河。以花比喻女子容貌，“桃之夭夭，灼灼其华。之子于归，宜其室家”（《周南·桃夭》），以桃花来描绘一个娇艳无比的新婚女子的形象，并给我们展示出女子出嫁的喜悦心情。还有“何彼秾矣，唐棣之华，……何彼秾矣，华如桃李”（《召南·何彼秾矣》）、“视尔如荍，贻我握椒”（《陈风·东门之枌》）等。以花隐喻美人品格，“山有扶苏，隰有荷华”（《郑风·山有扶苏》），以女子第一人称为角度，用荷花自喻，表达自己品性的纯洁。以花表达女子情感，“溱与洧，方涣涣兮。士与女，方秉蕑兮。……维士与女，伊其将谑，赠之以勺药”（《郑风·溱洧》），用赠送香草来表达女子对恋人的情感。同样的还有“终朝采绿，不盈一匊。……五日为期，六日不詹”（《小雅·采绿》）等。

此类内容，不胜枚举。《诗经》中对女性美的描摹是极其全面的。它浓缩了先秦时代对女性美的认识和发展的全部过程，也推动和启迪了后世文人对女性美的关注。后代中国仕女画以“美人如花”的主题反复演绎了上千年。

《论语》中对美的描写

而作为同时代的经典巨著，《论语》对于美的描写就不仅局限于外貌了，已经涉及了品德，要求“尽善尽美”。这个概念是孔子在《论语·八佾》中提出的，“美”是对艺术的审美评价和要求，“善”是对艺术的社会作用和伦理道德方面的规范和要求。

《论语·雍也》中有一段有趣的记载：“子见南子，子路不说。夫子矢之曰：‘予所否者，天厌之！天厌之！’”这讲的是孔子与卫灵公美女夫人南子的一次会面。南子以美貌著称，但德行有失，与很多人有男女关系，孔子虽然认为她外貌美，但也认为她德行有失，在孔子的定义里，她是算不得“美”的。《论语》中的尽善尽美说，充分认识到了善的自身特性和存在价值，善是美的基础、内容和目的，因而对美具有决定性的作用。因而《论语》中强调的是美和艺术的道德与社会作用，形成善与美的统一和善主美从的思想，奠定了中国美学史上美善关系的基调。

然而不管是《诗经》还是《论语》都可以看出人类对于美的探索和审“美”的标准开始向道德相关方向的转变，从礼仪之美到追求素妆，从面容之美到尽善尽美，无一不是古人对美追求不断自我完善的过程。

第五节　古为今用

化妆是一门历史悠久的美容技术，中国女性化妆的习惯在夏商周三代已兴起。女性在当时便着粉施朱，但主流还是素妆，并呈现出粉白黛黑的统一特点，所以夏商周时期在美妆历史上被称为素妆时代。以刚健朴素、自然清丽、不着雕饰为审美标准，深受崇尚自然的社会风气和礼乐制度所影响。

女性的妆容，会受到社会环境潜移默化的影响，也能从侧面反映出当时的社会风气。夏商周三代，是我国阶级社会的开端。夏，男性占主导的社会地位，女性在社会政治生活中也同样发挥着作用，从少康中兴的传说和“夺权因室”的故事中都可以看出来。商也如同夏一样，男主导，但是男女大致是处于平衡状态发展的，都能掌控自己的主动权。到了周，社会阶级观念就比较明显了，女性地位明显低于男性，并且丧失了一些自主权，政治上几乎是处于沉默的状态。在穿着打扮、审美取向上都明显倾向于男性所好，女性逐渐沦为陪衬者，这一失衡现象，影响了数载历史。与此同时，也产生了德美于外表的思想意识，开始注重内在的素养，把审美上升到更高的价值。为了达到男性所提倡的“清水出芙蓉，天然去雕饰”，女性的妆容都是以自然清丽为主。

● 素妆与伪素颜妆

素妆的形成和社会风尚有关，某种程度上来说，素妆也是德的一种表现。

现如今，社会开放，男女地位平等，女性不再受到精神枷锁的束缚，可以无拘束地追求美，或浓妆艳抹，或素颜出入，或打造伪素颜妆。轻薄、自然、干净为主的伪素颜妆是很多人追求的目标。伪素颜妆确实有素妆的影子，不是完全不化妆，而是不明显不突出，却依旧精致秀美，相比于真素颜显得更有精神，营造一种天然、没有刻意雕饰的感觉。

素妆与伪素颜妆二者之间蕴含着共通性，承载着各自阶段的社会审美价值观，表面上都是呈现自然清新的妆容。但是当代的伪素颜妆是社会的时尚，表达的是自己的需求与喜好。女性拥有自主权，既是欣赏者也是被欣赏者，是纯粹地追求美，从之前被压抑的个性中挣脱，展现自我的真性情。

不管怎样，素妆与伪素颜妆呈现的都是妆容上给人的舒适感、精美感与自在感。但这种外在美，并不能代表一个人的真正品德，而是属于直观的肉眼欣赏。若想要达到大美的境界,还需由内而外地散发真正的魅力。

第四章

秦汉：一白遮三丑

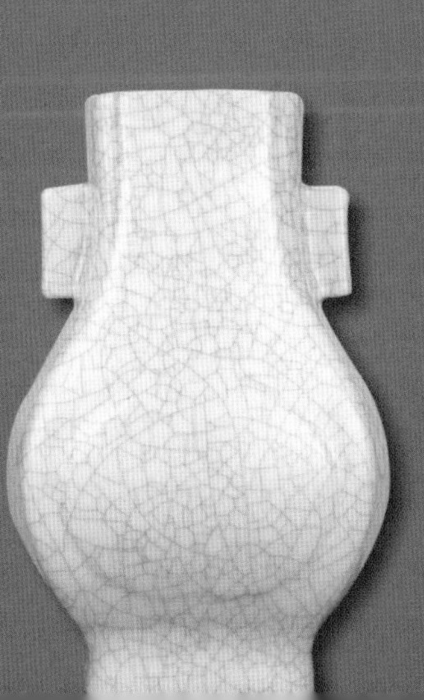

第一节　审美

秦汉审美文化：美与善的融合

秦汉时期，中国封建社会得到初步巩固与发展，美善统一的理念在秦汉审美文化中得到充分体现，这也是古代审美文化的一大特点。秦汉时期是中华民族政治、文化和艺术从动荡走向稳固的历史时期，从审美文化角度来说，秦汉也是一个承前启后的时代。秦汉时期的审美博采众家之长，展示出了鲜明的兼容性和综合性。

秦朝的审美意趣中，男性应是英姿飒爽的，以高大壮实为美，如兵马俑般高大魁梧。女性则是刚柔并济的，这种审美意识和宗教文化、实用价值等因素紧密相连。从某种程度上来说，秦朝是真正开始讲究化妆用脂粉、香料等化妆品的朝代。《阿房宫赋》中说："明星荧荧，开妆镜也；绿云扰扰，梳晓鬟也；渭流涨腻，弃脂水也；烟斜雾横，焚椒兰也。"四句描写秦宫中女子善梳妆、爱脂粉的骄奢之态，反映了秦宫中对美、对化妆的追求之盛。也是从秦朝，"红妆时代"拉开了帷幕。不过秦朝审美中对女性美的要求除了外表出众，还应有精致的服装，在女性舞乐和诗歌技能上也追求高度的审美志趣，更遑论先秦女乐本就是一种悦人心志的审美存在，它具有丰富多样的审美趣味与审美形态。不过在今天看来，审美追求中和、阴柔、德性的结合，崇尚自然健康之美，认为女性的自然之美是最美的。

而汉代就是以德为美。汉代政治安定，经济繁荣，民族融合，是多元一统审美观念形成的时代，虽说当时美妆文化大为发展，但是呈现的是一种以德论高下、以德压美的审美特征，着装古朴、妆容朴素、内外兼修方可成为"大美"之人。汉代尤其注重女德，《列女传》就是从男性视角出发提出的女德要求，《女诫》也成为当时妇女与家庭行为准则的主要文本，当然其中也隐含男尊女卑的思想。不过，汉代文学作品中对女性意识是表示认同的，这些作品向我们展示了汉代女性的社会身份特征，所描绘的汉代女性丰肉微骨的体形、身着华美大方服饰的模样，也奠定了中国古代女性美的基本格调。时至今日，汉服之风重新兴起，形制精美的服饰与现代视角下的古代妆容结合，表达出现代国人对汉代以来审美的强烈认同感与归属感。

秦汉时期的审美是美与善的统一，但在这一时期也逐渐出现“一白遮百丑”的思想萌芽，人们开始使用白色的妆粉来妆扮自己。对于美的探索也由内核不断拓展到外延，开始自主地去追求美，向更大范围展开，出现了“尚貌”的新趋势，情感倾向成为构建新审美形态的根本驱动力。

美善结合是中国古代审美文化对比西方最为明显的一个特点，也贯穿了中国审美文化历史的主流，总体特征就是真、善、美和谐、均衡地整合在一体。总之，秦汉的美善统一通常是美统一于善，或善压倒美的时代特征。

第二节　美妆

红妆翠眉：秦汉时期的美妆真相

悉数我国美妆历史每个朝代的特点，几乎每过一段时间，就有一个新的跨越。从原始绘身开始，到三皇五帝草药美容，再到夏商周的“粉白黛黑”，都或多或少地影响着秦代美妆的风格。

秦始皇统一六国之后，发展的不仅仅是经济、交通，作为中国历史上第一个大 一统国家，美妆发展到这里又有着怎样的变化？

遗憾的是，秦代的美妆在传承夏商周时期的美妆内容的基础上，并没有突破性发展。这是因为什么呢？作为第一个大一统时期，秦代在我国历史上具有划时代的意义，刚刚统一的秦国，百废待兴，而秦朝苛政刑罚严重，老百姓都忙于劳作，苦于温饱，并没有太多时间来关注自身的妆容与美丽。

不过，秦朝之后的西汉，社会经济、文化、军事等都进入了一个相对繁荣的发展阶段。丝绸之路将西汉与古罗马、印度等国家连接起来，一些国外的美妆思想和产品流传到中国。其中使用胡桃美容的方法以及一些用来做化妆品的草药被“张骞从西域带来”。自古就有的传承也好，外国传来的也罢，共同的心愿都是为了追求美，这种世界人类追求美的精神值得学习。

汉朝时，对于美妆的突破性发展在于妆粉和胭脂。先来说妆粉，相比之前的米粉，汉朝使用的铅粉在被吸干水分后，制成的粉末或者是形成的固体不仅质地细腻光滑、色泽润白，并且易于保存，在汉朝妇女中风靡，在随后的美妆发展史上取代了米粉的地位。马王堆古墓和洛阳汉代古墓里也都出土了用于化妆的白色块粉，影视剧里的汉代女子也将粉白的肌肤和美妆展现得淋漓尽致。这些都足以说明汉代美妆事业在妆粉这一方面有了非常大的转变和发展。

除了施粉，两颊涂了胭脂的妆容更形象地说明了秦代的女性妆容形象。结合眉毛的修整、脸颊的腮红以及唇脂的运用，站在君王侧的女性形象俨然一尊活着的美妆历史活化石。通读中国美妆历史，就不难发现，“红妆翠眉”是秦汉时期独有的美妆特点。

汉代人在原有胭脂的基础上，发明了类似腮红的胭脂红。红蓝作为基本的胭脂成分依然被运用，另外一边，重绛、石榴、山花以及苏芳木等成为制作胭脂的其他重要成分。重绛也是一种红色的颜料，重绛花、石榴花以及山花的颜色都鲜艳亮泽，因此受到汉朝人们的喜欢，于是他们尝试用这些颜色改善传统的胭脂颜色，并且涂于眼周、面颊，给人留下红色面容的印象。

眉妆的形成虽没有大的改变，但是各种石黛、铜黛、青雀头黛和螺子黛大大丰富了眉妆的成分，也改变了以往只有磨碾石黛的单一方式。加水调和后的其他“黛”与鸳鸯眉、八字眉相得益彰，也深得汉朝女子的喜欢。红妆翠眉虽大体概括了秦汉时期古代女子的整体妆容，但是严格来讲，红妆翠眉更多是在汉朝。

实际上很难将秦汉两朝美妆特点以时间为界定划分开来，汉代的妆容在秦代的基础上进行发展和延伸，红妆翠眉虽不能完全代表秦汉时期的审美，但却从另一个角度看到了美妆发展的进程。

马王堆一号墓出土西汉着衣歌俑，敷白粉，墨眉朱唇

马王堆一号墓出土西汉彩绘木俑，绘有墨色长眉

秦汉时期的美妆风尚

秦朝是中国历史上第一个大一统的封建王朝，这一时期发展的不仅仅是经济、交通，还有美妆文化，并且开启了“红妆翠眉”的红妆时代。秦朝审美意识的核心就是“以丽为美”，又崇尚自然健康之美。

追求美是人类的本能，也是社会生产力发展、社会文明的标志。秦朝的妆容偏向于橘色系，唇色以暗红色为主，相当于现在的姨妈色口红，最为流行的就是樱唇妆，显示出一种特有的古代风韵。秦朝的口红主要是朱砂质的矿物质，加入了适量的动物油脂，不仅能防水，还可保持唇妆的持久性。

“一白遮百丑”在这时已经成为一种潜在的思想意识，所以面敷白是常见之态。基于当时技术和资源条件的限制，使用的粉底是由米粉制成，可使得肌肤白皙，提亮肤色，具有美白作用，后来经过完善出现了铅粉。据有关文献记载，秦始皇尤其注重自己的形象，每天上朝前都会用铅粉涂面。不仅如此，他还将芹菜捣碎敷在脸上，当作面膜。作为千古一帝的秦始皇也是一个十分精致的男人。

眉妆呈现汉唐之风，秦朝女子崇尚丹凤眼，将眼线画得长而浓。当时可用眉粉、眉胶、眉笔来画眉毛，这些工具是由石黛、青黛等制作而成。最受欢迎的当数“蛾眉”，是一种细而弯的眉形，《诗经 · 卫风 · 硕人》提到“螓首蛾眉，巧笑倩兮，美目盼兮”。

秦朝时，人们开始用口含香、身佩香两种常见的方式使得自身散发出香气。为此他们还发掘了一系列新的香草，兰、蕙、荃、芷、江离、杜衡、芙蓉、椒、桂等都是当时常见的香料，如今这些香料也有药材、调味品等多种用途。其实当时已经出现了花钿，用以妆饰面部，但并未成为时尚主流，《中华古今注》讲“秦始皇好神仙，常令宫人梳仙髻，帖五色花子，画为云凤虎飞升”。秦时宫内已经出现规模化的化妆用品，还诞生了一些用来保存美妆产品的器具。化妆品原料来源于植物、动物，可以说是纯天然不添加任何化学物质的产品。《事物纪原》记载“秦始皇宫中，悉红妆翠眉”，由此可看出当时的化妆以浓艳为美。不过当时化妆的多为宫中嫔妃，生活环境较为优越，而且秦朝的统治是非常严苛的，普通百姓无暇顾及美妆，不过后来逐渐地普及开来，人人均有化妆的需求和追求。

第三节　人物

东汉孙寿的时尚美妆

● 得名“悍妇”

在讲孙寿的故事前，先来认识一下她的夫君——梁冀。这个在中国十大奸臣榜上占有一席之地的梁冀，出生于东汉权贵家庭。梁氏一族出过两位大将军，三位驸马，六位贵人，前后共有七人封侯，仅皇后就出过三个，可以说梁家是当时权势最煊赫的家族。梁冀本人则官拜大将军，把持着朝政。梁冀一生历仕四帝，其中三位由他操控扶持上位，另一位质帝，则因童言无忌，在朝堂上当面指责他为“跋扈将军”而被设计鸩杀。可见在当时，嚣张跋扈的梁冀掌握了朝堂之上绝对的话语权，皇帝也不过是由他操控的傀儡。就是这样在外一手遮天的梁冀，在内却独独对自己的夫人，也就是孙寿耍不起威风来。《后汉书·梁翼传》记载：“寿性钳忌，能制御冀，冀甚宠惮之。”孙寿的性格彪悍善妒，梁冀又是从少年时便沉溺于声色犬马中的富家公子，“战争”不可避免，而孙寿往往是“获胜”的那一方，梁冀常被自家夫人揪着耳朵打到跪地求饶。

梁冀曾与友通期在洛阳城西过小日子。这件事被孙寿发觉，她大发雷霆，等到梁冀出门之后，孙寿领着一帮人将友通期抓了起来，剪了她的头发，毁了她的容貌，还将友通期暴打了一顿，并威胁梁冀要将这件事闹到皇上面前去。梁冀吓了个半死，最后不得不请丈母娘出面，才算平息这件事。

● 引领“潮妆”

在夫权至上的封建社会，孙寿如此泼辣的性格却仍能留住梁冀，可见她确有一定的资本。《后汉书·梁翼传》中道：“寿色美而善为妖态”，为我们道出了其中的奥秘。孙寿的美貌是毋庸置疑的，但貌美之人比比皆是，孙寿不愿止步于此。除此之外她还有一个撒手锏，尽显自己的娇媚动人楚楚可怜，这便是她独创的五部曲——愁眉、啼妆、堕马髻、龋齿笑与折腰步。愁眉与啼妆注重刻画女子刚哭过后动人的姿态，眉毛画得细而曲折，眼睛下面施以妆容，眉眼之间尽是愁绪。堕马髻，顾名思义，将发髻偏向一边，好似不小心从马上跌落，呈现给人一种慵懒的媚态。龋齿笑的精髓在于摒弃放声大笑，追求浅笑，看起来好像牙痛般惹人怜爱。而折腰步则是孙寿最为得意的创意，它类似于今天的猫步，脚步要轮流踩到双脚之间的直线上，走路时还要装出腰细得快折断的样子，给人一种弱不禁风的感觉。这五部曲充分展现了女子娇媚动人的姿容，孙寿十分满意，也凭这五部曲成功留住了梁冀的心。洛阳城内的爱美女性便开始纷纷效仿孙寿，一时间满城尽是眉眼含情、梳堕马髻、走折腰步的女子。

唐代堕马髻女立俑

《虢国夫人游春图》中梳堕马髻的女性

梁冀、孙寿这对夫妻在历史上名声虽不怎么好，不过孙寿在美妆方面的贡献却不可忽视。她追求美，表达美，做出了颇具突破性的创新，尽管其中某些元素矫枉过正，略显病态，但孙寿的确引领了一时的风尚，让女子的美受到重视，直到今天，如堕马髻、折腰步等还会被人们借鉴，这是非常值得肯定的。

两汉时期红妆盛行，美妆文化大为发展，从宫廷专属到民间流行，人人均有权改良开创化妆新品。在这样的社会背景下，也出现了各具风采的美女，在妆扮下散发耀眼光芒。汉代也有三名美人，因为她们的美貌和作为而留名。

- “落雁”——王昭君

王昭君是中国古代四大美女之一的“落雁”，相传王昭君在出塞的途中，有群大雁从她头上飞过，其中一只大雁被她的美貌所吸引，忘记了扇动翅膀，最后从空中掉落下来，才有这样的历史传说。王昭君十分懂得保养，她有一个秘方叫“冰糖五果羹”，长期食用可保持肌肤的灵动性。昭君出塞的故事名传千古，在维护民族友好发展、维持和平稳定等方面做出了重要贡献，王昭君本人也深受人们的称赞与敬佩。赞美她的诗句有很多，例如“昭君拂玉鞍，上马啼红颊。今日汉宫人，明朝胡地妾”等。

仇英《人物故事图·明妃出塞》

● “燕瘦”——赵飞燕

赵飞燕，“ 环肥燕瘦 ”中的“ 燕瘦 ”，创立的“ 掌上舞 ”也成为其特有标签，后常用来比喻体态轻盈。《赵飞燕外传》中是这样形容她的：“ 纤便轻细，举止翩然 ”，汉成帝也为她的“ 掌上舞 ”所倾倒。“ 赵后腰骨纤细，善踽步而行，若人手持花枝，颤颤然，他人莫可学也。” 其中的“ 踽步 ”也是赵飞燕独创，其手如拈花颤动，身形似风轻移，舞蹈功底极为深厚。她拥有柳叶秀眉、含水杏眸、如玉肌肤，美貌远在他人之上。据记载，赵飞燕经常服用一种叫“ 息肌丸 ”的驻颜之物，虽可让肌肤白皙滑嫩，但副作用尤为明显，由此可见当时对护肤美容的迫切需求。

《千秋绝艳图·赵飞燕》

● “大汉贤后”——卫子夫

相比于美貌，卫子夫是以贤德著称，被称为“ 大汉贤后 ”。她本是平阳公主府内的一名歌女，后被作为礼物送入皇宫，据说因一头秀发而受宠，她平时使用香泽来护理头发。香泽，又称为兰泽、芳脂，是涂在头发上的香膏，相当于现在的洗发露，可使头发润滑有光泽，散发着芳香，是汉代妇女日常的美发用品。卫子夫一直保持恭俭谦厚的品行和为人，不争、不显、不露，和后宫姐妹和平共处。她不仅是整个卫氏的传奇，更是母仪天下的典范。卫子夫的良好品行获得汉武帝的全面信任，也赢得太史令司马迁的赞美。当时民间还流传这样的歌谣：“生男无喜，生女无怒，独不见卫子夫霸天下。”

当时崇尚以德压美，顺应自然，内在审美得到重视，追求本质求真、天人合一的自然美，而不是改造身体达到畸形美感。汉代奠定了美妆历史的基础，是化妆史上的转折期，汉代化妆品制作与化妆造型都取得了质的飞跃。

第四节　典故

《神农本草经》的中医药美容护肤

中医一直是护肤界中不可小觑的一股潮流，越来越在国内甚至国际市场上引起热潮。随着国货美妆的崛起，更多人开始关注中国医药美容护肤的历史。据记载，早在神农时期就已经有医药美容护肤的萌芽，秦汉时期《神农本草经》一书的出现，掀起了国货药妆历史的新篇章。

《神农本草经》被称为现存最早的药学专著，其中关于本草的介绍在当时广泛用于医治疾病，而在后世美学的发展过程中意外发现了其美容护肤的作用。

- 本草祛痘护肤

《神农本草经》中记载白及“主痈肿、恶疮、败疽、伤阴死肌”，能泄热清毒、生肌敛疮、止血消散，添加到护肤品中能起到舒缓祛痘作用。白及除了舒缓祛痘，还拥有抗氧化、除皱、美容祛斑等护肤功效。作为一个全能型的本草选手，白及在现今常用于洗面奶、乳液、面霜等。

《神农本草经》中记载：“生大豆，味甘平，涂痈肿，煮汁饮，杀鬼毒，止痛。”大豆因其清热解毒的功效，所以对脸上痘疮也有很好的疗效。《神农本草经》中还记载了“五香散”护肤方剂，将大豆、黄芪、土茯苓、杏仁等本草研末，外用洗面，能使人面部皮肤光滑、白嫩。大豆常以食用用途为人所知，而其护肤用途却鲜为人知，谷物选手大豆第二层身份竟然是一名祛痘专家。

甘草味甘，被认为是“物甘之至极”，可解“百药毒”。甘草能治疗金刃伤而致的疮肿，能解毒物。《神农本草经》中还记载了将炙甘草和栝楼根煎服，治疗痘疮的方剂。甘草味苦，内服的体验就如喝下一杯毒药，虽然甘草的体验感较差，但其效果极强。

- 本草消肿美容

《神农本草经》中关于海藻的记载就体现了海藻对痈肿、水肿的显著疗效，“破散结气、痈肿……下十二水肿”。海藻因其强大的控油清洁、镇静疲劳的功效，能使皮肤维持细腻、光泽，加入化妆品中能使肌肤更加健康。

《神农本草经》中记载积雪草“ 主大热、恶疮、痈疽、赤熛皮肤赤 ”。现代药理研究显示，积雪草所含的有效成分还能消除疤痕和组织粘连。相传孙权最宠爱的邓夫人一次不小心划破了脸颊，伤口很深。医官为她开了当时很名贵的药，即将积雪草与白玉、琥珀、白獭的脊髓调配用来外敷，果然神验无比。邓夫人的脸不仅没有留下疤痕，反而白里透红，更加艳。《神农本草经》中还记载了将积雪草阴干研末，调敷治疗热毒痈肿的有效方剂。积雪草以其强大的修复能力，成为敏感肌救星，能有效地缓解敏感皮肤所遇的刺痛和红痒症状。

- 本草美白养生

玉竹即《神农本草经》中的女萎，“ 久服去面黑䵟，好颜色，润泽 ”，能祛除面部黑斑，润泽肌肤。玉竹的美白效果仅次于前几年被炒得火热的熊果苷，虽然它的热度不及熊果苷，但其美白去黑效果让它成为一个宝藏级本草，现今常用于美白产品系列，玉竹洁面、玉竹面霜等产品层出不穷。

关于黄芪，《神农本草经》中也有记载，“ 主痈疽久败疮，排脓止痛 ”，是天然的护肤佳品。将黄芪磨成粉做面膜使用还能嫩肤美白，去黄气，对恼人的黑头、白头也有很好的效果。相比玉竹的去黑美白效果，黄芪以其去黄及清洁功力，更贴近亚洲人肤质需求。大枣有“ 天然维生素丸 ”的美称，能促进肌肤细胞新陈代谢，防止黑色素沉着，达到美白、祛斑的功效。而《神农本草经》中记载桃仁有消散瘀血的功效。这些本草原料添加在洗面奶中能起到美白祛痘的效果。

将《神农本草经》极致化地古为今用，究其根本，乃这本被埋没的药妆“ 宝典 ”的背后，是人们对于美的不断探索和向往。

第五节 古为今用

千年后的今天，中国人还在追求“白皮”

在秦汉时期，深受儒家思想影响的人们喜欢贤淑朴实、脸庞素净的女子，白净成为当时女性审美的趋势。而千年之后的今天，白依旧是现今女性追求的美的标志之一。从古至今，对于白的审美追求，中国人一直未曾改变。

秦汉时期与现今虽在视觉上都追求肤色白净，但其审美意识和审美观念仍存在着差异，下面将从美白的妆容和显白的化妆品两个角度来探究秦汉时期与现今由“白”衍生的审美差异。

● 秦汉“红妆”与现代“假白”

秦汉时期在先秦时代“粉白”妆容的基础上做出了改变，在儒家思想的渗透影响下，人们的审美观念以素净自然为主。从秦代开始女子便不再以周代的素妆为美了，流行起了“红妆”——不只敷粉，还要施朱。敷粉并不满足于白粉，还要加上胭脂，成为“红粉”，加入了红调平衡了白色的刻板单一，视觉上增添了稍许自然与活泼。

随着历史留存下的审美观念以及个性化的审美需求的改变，现代又慢慢产生了一种更加大众化的审美观：大眼睛、白皮肤、鹅蛋脸等。但在快节奏的社会生活和高度社交性的社会发展压力下，人们对大众化审美观念的评判开始走向极致，更加追求个性，突出自我。但当大众把美作为标榜自己价值的一种资本，当代的审美追求就与古代的审美追求产生了分歧，在某一阶段的时代审美下，白皮肤不再追求自然本真，变成需要用最白的粉底色号反复上妆，营造出与本身肤色大相径庭的“假白”色。厚重的白粉在视觉上增强了白的感觉，但掩盖了个人肤色中自然可爱的一部分。但在东西方审美碰撞交融下的今天，白色美妆产品和技术上的发展都更加多元化，就像从秦汉单一的“红妆”里衍生出具有个人特点和强调个人色彩的妆容那样，现代审美下的美妆更加具有个人风格。

● 秦汉“胡粉”与现代“粉底”

秦汉时期人们在追求白的道路上慢慢前进，妆粉除粉之外，还发明了糊状铅粉。铅粉通常以铅、锡等材料为主，经化学处理后转化为粉。固体者常被加工成瓦当形及银锭形，称“瓦粉”或“定（锭）粉”，糊状者则俗称“胡（糊）粉”或“水粉”。经敦煌研究院研究员考察甘肃、新疆石窟使用的颜料后发现，“胡粉”是中国制造的世界上最早的人造颜料之一。

胡粉的主要成分为铅，铅可以抑制黑色素形成，虽然使用含有铅、汞的化妆品，皮肤会立即变得白亮，但用一段时间后，会产生重金属中毒现象，自由基异常增生，细胞结构改变，皮肤将存不住水，会迅速变干、变脆、变薄。秦代胡粉的产生在一定程度上推动了化妆品发展的脚步，也使得人们更为关注美，但它在制造技术以及安全性上仍具有很大的发展空间。现代科技发展，人们追求美的意识不断增长，人们在美白上越来越下功夫，美白化妆品层出不穷，出现了防晒霜、BB 霜、粉底液、遮瑕霜等含有增白效果的产品，形成了现代美白产业链。

对比秦汉时期“胡粉”与现今的“粉底”，现代粉底首先禁止铅类物质的使用，对皮肤的伤害大大减小。同时在原有的美白基础上，添加了护肤的成分，兼具美白与护肤两种功能。加之现代人对于美的“挑剔”，根据不同人群划分不同色号，更加针对性地修复和完善了人们对皮肤的白的追求。

秦汉时期虽然和现今在关于白的审美意识和观念上略有不同，但都在追求白的道路上渐行渐近，发挥着不同时代人们对于美的表达和理解。没有对错，只为求美。

第五章

魏晋南北朝之一：谜之审美

第一节 审美

民族融合，佛教盛行，动荡时代下的审美

三国、魏晋南北朝，后人称为群雄崛起、割据天下的战乱时代。以对立的角度看待魏晋南北朝动荡的战乱时期，面对北方民族袭扰，佛教盛行，遭受战乱痛苦的人们，生活发生了巨大改变，值得一提的是，这种背景为美妆的跨越式发展开辟了一片开放包容的新领地，为后世的唐妆提供了参考。

● 紫妆

中国传统中，紫色常代表圣人。帝王多用紫色，象征华贵。紫禁城、紫气东来等词都可以看出紫色在古人眼中的定位。然而在战乱的魏晋时期，竟然惊现“紫妆”，并受到了当时皇帝的喜爱。相传紫妆是由魏文帝宠爱的宫女段巧笑发明，用米粉、胡椒粉和葵花籽汁制成紫粉，在敷粉后将紫粉放在手心调匀，然后涂在两颊，称之为“紫妆”。关于紫妆还有“锦衣丝履，作紫粉拂面”的描述，紫妆也成为宫女段巧笑最喜爱的妆容，后被人流传使用。很难想象在现今都不易驾驭的紫妆在当时呈现的美感，或许只有在魏晋南北朝那个时代背景下才能读懂那时的“紫妆”。

● 晕红妆

胭脂是上晕红妆必不可少的伙伴。在魏晋南北朝人爱美思潮的烘托下，此时胭脂的制作也大胜于秦汉。绵胭脂、金花胭脂这两种方便携带的胭脂便隆重现世了。将丝绵裹成卷，浸染红蓝花汁，这便是绵胭脂，魏晋南北朝女子们常用来敷面或抹唇。

金花胭脂，一听名字便觉得美丽。它确实也与“金”有缘。金箔、纸片浸染于红蓝花汁中，再将它加工，做成薄片状，不仅美观，还便于携带，这应该是女子们外出携带的胭脂。女子们想要补妆时，拿出金花胭脂，将唾沫微微蘸点于上，它便渐渐溶化散开，只需轻轻蘸一点，便可涂抹于面颊，点注于嘴唇。

● 晓霞妆

晓霞妆起源于魏晋南北朝，流行于初唐，后来逐渐变成唐朝流行的“斜红妆”。据记载，晓霞妆的由来夹杂着一个有趣的小故事，张泌《妆楼记》：“夜来初入魏宫，

一夕，文帝在灯下咏，以水晶七尺屏风障之。夜来至，不觉面触屏上，伤处如晓霞将散，自是宫人俱用胭脂仿画，名晓霞妆。”据说一日，魏文帝坐在水晶屏风后看书，薛夜来一时没有看到屏风就撞了上去，伤及面颊，文帝十分心疼，命御医仔细医治。但是由于所用的药物中琥珀屑过多，于是在伤口痊愈后还留下了红色的痕迹。此痕迹非但没有毁其姿容，反而为其形象增色不少，后来宫人纷纷效仿，因它妆容带斜红特色，恍恍若晓霞将散，称为“晓霞妆”。晓霞妆发展到唐

《胡服美人图》中画晓霞妆的女子（唐）

到唐朝，演变成一种盛行的妆容——“斜红妆”。斜红一般涂在鬓部到颊部之间，或似伤痕，或像卷叶，或如弯月。比起晓霞妆随意的点缀，斜红妆则更为具象化地规范了面部妆容。

现代技术还原晓霞妆和斜红妆后，在现代人眼里这些妆容略带一点怪异，与秦汉时期人们所追求的朴素简单妆容相差甚远，这或许是魏晋时期特有的动荡不安培养了人们追求个性、不拘小节的性格。

● 半面妆

半面妆顾名思义就是只画一半的妆容，在现今看似比较“奇葩”的妆容在魏晋南北朝时期却再次出现，由此可见，魏晋南北朝时期人们对于妆容和审美的接受程度不断突破，半面妆极端的背后也有着一个极端的故事。半面妆，典故来自徐妃昭佩——南朝梁元帝萧绎的妃子。萧绎是个独眼天子，徐妃由于无法挽回元帝对她的爱恋，由爱生恨，每次元帝驾临徐妃寝宫，徐妃只以半面妆相见，讽刺元帝。《南史》记载：“妃以帝眇一目，每知帝将至，必为半面妆以俟，帝见则大怒而出。”著名的“徐娘虽老，犹尚多情”描写的就是徐妃。李商隐《南朝》诗有“休夸此地分天下，只得徐妃半面妆”之句，后世以“妆半”来称赞其美貌。

半面妆带有强烈的情感表达色彩，抛开它自身的美感不谈，作为一个时代妆容特色的体现，代表了开放个性化妆容审美的进步。当然，魏晋南北朝时期除了紫妆、晓霞

妆、半面妆，还有梅花妆、额黄妆、晕红妆等等各色的妆容，其中紫妆、晓霞妆和半面妆的出现让魏晋南北朝时期的美妆更加丰富和完整，从最初“被迫”接受思想观念到后期不同观念的融合，开放包容的心态给予了人们在文化及审美发展上的多元化可能，也让时代对于审美的认知更近了那么一步。

第二节　美妆

眉宇之间，额头之上：古代女子的额黄妆

在当下，我们很容易把现代审美妆容强行凌驾于古代美妆之上，无法感受到纯粹真实并极具特色的中国古代美妆。“微风习习，女子玉手纤纤，兰花指微翘，打开妆奁，对镜贴花黄”，在额前方寸之地留存的美丽就是额黄妆。

● 额黄为何物

额黄是一种古代中国妇女的美容妆饰，也称“鹅黄”“鸦黄”“约黄”“贴黄”“花黄”，因以黄色颜料染画或粘贴于额间而得名。诗词文赋中不乏对额黄妆的溢美之词：“半垂金粉知何似，静婉临溪照额黄。”“最爱铅华薄薄妆，更兼衣著又鹅黄。”再如那些年，我们在语文课上背诵千万遍的，北朝花木兰女扮男装，代父从军载誉归来后，也不忘“当窗理云鬓，对镜贴花黄”。这些指的都是这种妆饰。

● 额黄的“身世”

据史料记载，妇女额部涂黄，起源于南北朝。这种妆容的产生与佛教还有千丝万缕的关系。南北朝时期，佛教在中国盛行，全国各地大兴寺院，大江南北广开石窟，掀起了崇佛的热潮，众多善男信女常侍佛前。一些爱美又比较前卫的女性，从涂金的佛像上受到启发，于是充分发挥创新精神，将自己的额头涂染成黄色，久而久之，便形成了涂染额黄的风俗。

据记载，“北妇以黄物涂面如金，谓之佛妆”，既说明额黄与佛教的关系，又可见直到辽宋时期，北方地区的部分妇女仍保留着“黄物涂面”的习俗。从文献记载来看，古代妇女额部涂黄，一种由染画所致，一种为粘贴而成。所谓染画，就是用画笔蘸黄色的染料涂染在额上。一种为平涂法，即整个额部全用黄色涂满，如“满额鹅黄金缕衣”；一种为半涂法，或上或下将额部仅涂一半，然后以清水过渡，呈晕染之状，“眉边全失翠，额畔半留黄”即指此。

《北齐校书图》中的妇女，眉骨上部都涂有淡黄的粉质，由下而上，至发际处渐渐消失，当是这种面妆的遗形。与染画法相比，粘贴法则较为简便。这种额黄，是一种以黄色

材料制成的薄片装饰物，用时蘸以胶水粘贴于额部。由于可剪成各种花样，故又称“花黄”，诗词中“举袖拂花黄”“翡翠贴花黄”说的都是这种饰物。试想：女子清晨早起，轻轻推开窗前薄雾，在鸟语花香中，漫对菱花铜镜，先理云鬓，再描黛眉，继而涂额如金，“满额鹅黄金缕衣”。最是一样惊心处，回眸一笑百媚生。

《北齐校书图》（局部）

南北朝的女子涂额黄，采取的是“约黄”手法，即在前额仅涂上一半黄色，再以清水推开，向另一半肌肤逐渐过渡，整个额头呈晕染之状，与现代女子精心化眼妆上眼影时追求的晕染感有异曲同工之妙。如北周庾信诗“额角轻黄细安”那种含蓄中带一丝娇媚的妆容就如伪素颜，宛若“清水出芙蓉，天然去雕饰”。

唐朝的额黄由南北朝的额黄传承而来，继承了色调，却未继承风格。唐朝女子涂抹额黄，采取的是平涂手法，即将额头全部涂黄，没有深浅变化和浓淡过渡，让额头从上到下从左到右每一寸都是最明亮的黄色。还有一种粘贴方式，即用金黄色的材料剪裁出花朵、星星、月亮，粘满整个额头。另外，唐代妇女还对额黄妆有所发展，出现了“蕊黄”，即以黄粉绘额，所绘形状犹如花蕊一般，异常艳丽。严格说来，它已脱离了染额黄的范围，更多地接近花钿的妆饰。

额上所涂的黄粉究竟是何物？从“内里松香满殿开，四行阶下暖氤氲。春深欲取黄金粉，绕树宫女着绛裙”以及温庭筠“扑蕊添黄子”等诗句看来，或许黄粉就是松树的花粉。松树花粉色黄且清香，确实宜作化妆品用。记载中有“麝香黄”“黄金粉”“松花粉”，虽语焉不详，但都是美好之物。

在宋代，人们竟说额黄是狼粪，然记载中并无准确考证。其中像“对镜贴花黄”中的“花黄”，具体做法是采集黄色花粉作为颜料再将薄纸片、干花片、云母片、蝉翼、鱼鳞、蜻蜓翅膀等染成金黄色，然后剪出各种形状贴于额部。总归都是纯天然化妆品，和心上人亲热的时候被吃掉也无妨。

女为悦己者容，在千百年前的中国，女子化妆就已经成为一种细致的文化，不仅体现了古人对美的追求，更反映了社会生活的点点滴滴。从古至今我们从未停止“美”的研习。

一抹“斜红”映脸颊——晓霞妆

在魏晋南北朝这个以谜之审美著称的时代，妆容审美略带奇异但又总是给人带来意外的惊喜，其中晓霞妆的惊艳度不仅在当时引起热仿，更是为后世唐朝斜红妆的盛行提供了良好的审美基础。

我们不难从魏晋南北朝的审美观念看出当时人们在不断接受外来文化的熏陶和影响之下，追求个性、开放的审美倾向逐渐成为她们所崇尚的。

- 晓霞妆的源起

晓霞妆的源起就是建立在那个时代开放包容、追求个性的审美背景下，一个意外而又惊喜的爱情故事成就了那时的晓霞妆，那一抹“斜红”也让它就此登上了中国美妆历史的舞台。

魏文帝曹丕在灯下批阅奏折，宫女薛夜来前来侍奉时脸不小心撞在了屏风上，因伤疤像晓霞将散的状态，具别样的美感，被宫人用胭脂仿画，称为晓霞妆，后广为宫廷效仿。这反映了社会在追求自由、追求自我的态度和包容下审美意识的悄然转变：从单一到多元，从严肃到开放。

- 晓霞妆的演变

晓霞妆最早其实是面靥，是宫廷里妃嫔来例假不可接受临幸的特殊标识，而后演变成晓霞妆、斜红妆等面部妆容。晓霞妆是位于眉尾至两鬓间的面妆，后被世人慢慢演变成为更加具象化的妆容描述——斜红。斜红是指女子眼角两旁各画一条竖起的红色新月形面饰。南朝梁简文帝《艳歌篇十八韵》诗：“分妆间浅靥，绕脸傅斜红。”南朝就已经开始出现早期的斜红，斜

新疆出土墓葬壁画《树下美人图》（局部）

红妆真正广泛流行于民间是在唐朝，唐朝时期人们将晓霞妆和斜红妆发挥得淋漓尽致，为了让伤口显得逼真，许多女性用胭脂晕染出斑斑血迹，甚至剔去眉毛，用红色颜料在眼眶下涂抹大块血迹，产生 了“ 血晕妆 ”。

《国家宝藏》其中一集佟丽娅作为国宝守护人，画着魏晋南北朝时期的梅花妆以及斜红妆，妆容惊艳，令人回想起那个充满个性、追求自由、开放包容的时代里，忘不掉的那一抹“ 斜红 ”。

连头眉的流行——仙娥妆

曹植可谓历史上一位才学出众的文学家。人们说起曹植时，他那首脍炙人口的《七步诗》便已在心中诵读。一首《洛神赋》虚构了曹植与洛神相遇及彼此之间的思慕，更是揭开了三国时期女子的奇特妆容。

● 《洛神赋》里写眉妆

《洛神赋》的由来也绝非偶然。建安中期，袁绍为次子袁熙纳甄氏，建安四年（199年），袁熙出任幽州刺史，甄氏留在冀州侍奉袁绍的妻子刘氏。建安九年（204年），冀州邺城被曹操攻破，甄氏因有姿色，被曹丕所纳。甄氏出身世家大族，从小饱读诗书，不仅外表美丽端庄，性格也贤淑，十分善良。曹丕迷恋甄氏的美貌，也欣赏她的才学，每到节日更是会邀请一些文人墨客饮酒畅谈，甚至也让甄氏参加。虽然当时曹丕与曹植已经有一些夺嫡之争，但是偏偏曹植竟然也迷恋起了自己才貌出众的嫂子。甄氏渐渐失宠后，曹丕又听信小人谗言，将甄氏赐死，悲痛不已的曹植才作下了《感甄赋》，后被改名为《洛神赋》。

关于曹植与甄氏的故事，历史说法不一，但是《洛神赋》里描写洛神眉妆“云髻峨峨，修眉联娟”却是依据了当时女子常见的眉妆。曹植幻想在与仙女相见之时，看见仙女的眉妆是这样，连头眉是出现在对女神一样的美女的描写中，也侧面反映了当时社会对连头眉的喜欢。

● 曹操初创连头眉

实际上，曹操在位时，便为宫女设计了青黛眉、连头眉这两种眉妆造型。其中之一的连头眉就是指“一画连心甚长”，这在唐代专门记录宫廷及民间女子梳头化妆的《妆台记》中也有相关的记载。

北齐杨子华所作的《北齐校书图》中也有对宫廷女子这一奇异眉妆的描绘。另有宋代叶廷珪所著的《海录碎事 · 人事》载：“ 一画连心细长，谓连头眉，又曰仙娥妆。”人们把这种人为操作出来的连头眉称为仙娥妆，当时风靡的仙娥妆一直流行至南北朝时期。

关于曹操为什么要关注侍女眉妆，其实还有另外一种说法。汉代司马相如曾在《上林赋》中写到，帝王游猎之后宫廷的盛宴上，那些“ 长眉连娟，微睇绵藐 ”的歌姬舞女貌美迷人，曹操掌权后不仅想管理天下，并且要面面俱到，宫廷女子的妆容自然不能沿袭前朝。司马相如所说的歌姬舞女的美妆就是长眉，曹操只是在此基础上做了延伸，因而有了连头眉。

《北齐校书图》（局部）

● 连头眉的消弭

历史上的连头眉在后来并没有得到发展与延续，自古以来就信奉神灵的古人认为具有这样眉形的面相是不吉的，更有“ 眉交为破印，无寿更无禄 ”的说法。唐代诗人李贺便是有着形似连头眉的通眉，但是李贺一生敏感抑郁，年仅 27 岁便去世了。一些本就迷信的古人不免以偏概全，将此作为连头眉不祥的依据。南北朝之后，画连头眉的妆面已经很少见了，就连生来就有形似连头眉的人都会被人贴上不幸的标签。

三国时期的连头眉与通眉还是有一些区别的。细而修长是三国时期连头眉的最 明显特征。以胖为美的唐朝，连眉毛也讲究宽而浓，李贺的眉毛更是与连头眉有一些区别。此外，三国时期的连头眉在眉心处似断非断，略显妖娆妩媚，展现了古代女子娇羞的一面。这是与后面的通眉最明显的区别。

通读中国古代美妆历史，连头眉如昙花一现，为后人所追寻。每一个小小的妆容都代表了一个时代的社会审美，与政治、经济、文化都息息相关。

看古代人如何洗面护肤——澡豆

肥皂作为现今去渍吸污必备的利器之一，在日常生活中有着不可小觑的地位，而魏晋南北朝时期出现的澡豆，成为古代早期进阶版的“肥皂”。将豆子不断加工最终制成的澡豆成为当时集洁面、护肤、去污于一体的全能清洁工具。

- 全能澡豆的诞生

澡豆的诞生离不开魏晋南北朝的大时代背景，战乱与异动成为异域食材和香料往中原流通的契机，由此中原出现了制作澡豆的原材料，加之魏晋南北朝贵族士大夫讲究修养，整洁干净是他们面向“上流社会”的第一步，这也成为澡豆诞生的重要意义。

澡豆呈干粉末状，是由豆子碾压至豆粉，加之各种香料或药物制成。魏晋南北朝时期澡豆主要用于贵族士大夫阶层，大多香料以珍贵著称，澡豆中的豆粉具备天然去污能力，可以去除身体以及衣物的污渍，其去污能力体现了当时社会对精致生活的追求。而在豆粉中添加名贵香料使得澡豆得到了二次升华，其不仅仅是一种去污工具，更是身份的象征，全能澡豆的诞生也进一步向世人展示魏晋南北朝时期贵族士大夫的审美追求。

- 全能澡豆到底有多全能

被称为全能的澡豆因其去污能力及散发的香气，在古代被制成各种生活用品，大致功能可分为洗衣类、洗面类、胭脂类。在澡豆未出现之前，人们洗衣清洁以洗米水、皂角为主，它们与澡豆的最大区别在于澡豆所添加的香料使得普通的洗衣水进阶成为高级版洗衣水。作为魏晋南北朝时期发明的高端洗衣用品，澡豆所主打的去污和香味功效也可媲美现今洗衣粉品类。

澡豆作为一款天然去污产品，还常被加入药物用以洗面。唐代名医孙思邈在《千金翼方》中记载关于洗面的配方，其中最为著名的就是“香胰子”，在澡豆中加入猪胰、香料，混合，以白豆屑为主，青木香、甘松香、白檀香、麝香、丁香制香，加之白僵蚕、白术等中草药，制成集去垢美容于一体的洗面奶，在盥洗时，用“香胰子”洗面，可达

“十日内面白如雪，二十日如凝脂”的美容效果。参照其配方可以看出，添加的药物成分为其增添了部分护肤美容的功效，可谓是进阶版的洗面奶。

澡豆衍生品中最为多元的莫过于胭脂类，它被制成擦脸油、护手膏、薰衣香等美容护肤品及附属品。古代人在吃螃蟹时，就巧妙地运用了澡豆去除手上沾染的腥气，将绿豆面与桂花蕊等天然香料密封，让绿豆面上染着的桂花香气化解海鲜的腥气，而绿豆面能清洁手上污渍。

魏晋南北朝时期的澡豆，虽然制作粗糙，技术落后，但并不影响它作为清洁工具最主要的功效，在当时澡豆的出现不仅使社会关注个人卫生，同时也成为解决个人卫生的实质性产品。澡豆在唐朝被广泛使用，后流传至民间。到千年后的今天，澡豆被洗衣粉、洗面奶、护肤品等替代，这些产品在澡豆的基础上衍生，有的加入香料味道更加怡人，有的加入药物养肤能力更佳，有的加入现代成分功能更加多样，“升级版”澡豆已成为现代人生活中不可或缺的一部分。

第三节　人物

南朝皇妃张丽华的保养秘方

南朝皇妃张丽华出身兵家，可自幼家境贫寒，一家落魄到依靠织席为生。尽管家世贫寒，生活困苦，可张丽华却生了一副倾城容貌，10 岁时张丽华便被家人送入宫中，入宫后的张丽华成为陈叔宝的良娣——龚氏的侍女。不久，陈叔宝在自己嫔妾那里初次见到张丽华，被她深深吸引，便作了一首小词，以金花笺书写后送给张丽华，表达他对张丽华的喜爱。随着年龄的增长，张丽华出落得愈加倾国倾城，不仅如此，张丽华过目不忘的本事和聪颖灵慧的性情更令陈叔宝青睐有加。甫一登上帝位，他便将张丽华封为贵妃。

史书上载："张贵妃发长七尺，鬒黑如漆，其光可鉴。特聪慧，有神彩，进止闲华，容色端丽。每瞻视眄睐，光彩溢目，照映左右。"叛乱中，受伤的陈叔宝在养病时不允许其他嫔妃探视，仅令张贵妃随侍身侧。"时后主怠于政事，百司启奏，并因宦者蔡临儿、李善度进请，后主倚隐囊，置张贵妃于膝上共决之。李、蔡所不能记者，贵妃并为疏条，无所遗脱。"渐沉女色的陈叔宝后期疏于政事，在处理朝政时甚至会将张丽华抱在膝上，听取张丽华的决断。而传至后世的《玉树后庭花》："丽宇芳林对高阁，新装艳质本倾城。映户凝娇乍不进，出帷含态笑相迎。妖姬脸似花含露，玉树流光照后庭。花开花落不长久，落红满地归寂中。"更是佐证了张丽华容颜艳丽以及陈叔宝对她的痴迷。

世人皆知张丽华容貌出挑，倾国倾城，殊不知这位贵妃也是经验丰富的保养达人。她从古籍中获得灵感：将丹砂放入去黄留清的鸡蛋中，用蜡封小孔，同其他鸡蛋一起让母鸡孵化。待其他鸡蛋孵化后，取出蜡封鸡蛋，除去蛋壳，研细敷面。这便是赫赫有名的"张贵妃面膏"。此法听起来虽怪异，却可得"令肌肤细嫩光滑，娇媚异常"之效，是张丽华美容的法宝。除了保养肌肤，张丽华对自己的秀发也是呵护有加：洗头时要用何首乌熬制的药汤浸泡头发，在这期间侍女会不断为其按摩头顶穴位及头皮，最后还要用粗齿的牛角梳由发根至发梢反复梳理六十次，再以细齿黄杨木梳精心梳理六十次，这样洗头才算结束。正是在这样细致的保养下，张丽华得以美貌常驻。

在陈叔宝与后妃寻欢作乐之时，隋逐渐强大起来。589 年，隋兵渡过长江攻入建康，慌乱逃窜的陈叔宝与张丽华避于井中，后被隋军发现。《南史》记载：“隋军克台城，贵妃与后主俱入井。隋军出之，晋王广命斩之青溪中桥。”历史的车轮滚滚向前，史书上寥寥几笔写尽张丽华的一生。而在美妆史中的张贵妃，身着华服靓装，向我们娓娓道来她的保养窍门，像所有爱美的女子那样，拥有鲜活又明丽的灵魂。

第六章

魏晋南北朝之二：美男也疯狂

第一节 审美

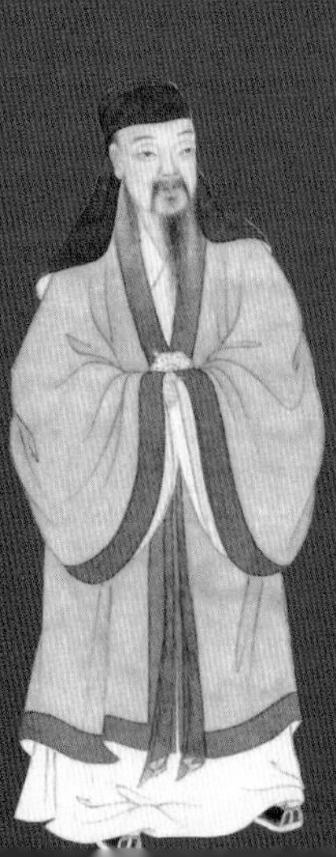

美男如玉的传奇时代

《颜氏家训·勉学篇》记载："梁朝全盛之时贵游子弟……无不熏衣剃面，傅粉施朱……从容出入，望若神仙。""肤如凝脂，唇赛点朱，面似月下白玉，腰如风中杨柳，口嘘兰麝，体溢芳香，端的一个好皮囊！"形容的就是魏晋时期的男性之美。

魏晋时代，化妆抹粉成为主流风尚，男性用化妆的方法来美化自己，十分注重外在形象，若是没有抹粉都不好意思出门。当时男性以阴柔为美，很是推崇娇弱、貌美、肤白的美男，连女子都为之疯狂。这些男子不仅天生丽质，还尤其注重化妆抹粉，宛若画中仙人。平时外出的时候，会携带一个精致的化妆盒，里面装有木梳、刮刀、脂粉盒、铜镜，方便补妆整理。胭脂水粉不再是女性的独有品，男子也追求白嫩的皮肤、吹弹可破的脸蛋。魏晋人最在意的就是脸部，认为男子呈现"小白脸"才算是好看，所以敷粉这一步必不可少，相当于现在涂粉底液，主要使用胡粉上妆，可使得肌肤细腻润白。胡粉由铅制作而成，成分包括铅、锡、铝、锌等各种化学元素。当时男性也普遍用香，香药品种十分丰富，悬配香药是雅好风流的一种表现。不仅如此，在魏晋时期的画作中经常可以看到男性身穿吊带裙、透视装。《晋书》中记载："魏明帝好妇人之饰"，帝王如此，相信各阶层的男子亦是如此。

魏晋时期文化融合，思维开化，玄学发展迅速，人们推崇艺术，追求超脱，更加关注内在的精神气质。释放自我的真性情，随心随意追求美，凸显人本价值，追求感官和心灵的感受，提倡思想上的解放与自由，这些都影响了当时人们的审美价值。

如果把放荡不羁的魏晋风度放在当代，也是绝对的"非主流"，化妆抹粉又如何？难道会因此被否定吗？不会，这种风度我们自然可以包容和理解。你可以肤白貌美，可以妖娆妩媚，但不要矫情，传递出一种负能量，我们所需的是一种带动社会积极向上的正面形象。

第二节　美妆

染发画眉——美男子养成记

染发成为现代人追求美的一种形式，染发现象源远流长，自古有之。魏晋时期男子施粉施朱已是日常，为了做一个精致的美男子，也要精通画眉施黛。在当时，染发已然成为一种社会风气，就如同当今为了时尚而染发一样。

魏晋时期的染发膏主要有三种：第一种主要材料是黑大豆，将黑大豆浸泡在米醋中一到两天，用小火慢慢将其熬制成稠膏状，再煮烂，过滤掉渣子，做成膏状的固态物质，然后涂在头发上即可。第二种就是用覆盆子为原料，熬成膏状涂抹。第三种就是葛洪提供的染发剂配方：“先洗须发令净，取锻石、胡粉分等。浆和温，久卧涂讫。用油衣包裹，明日洗去，便黑，大佳。”

这是当时比较常用的染发剂，天然无副作用，主要采用植物中的黑色素，这种染发方法对头发和头皮伤害小，长期使用还能让头发更加乌黑顺滑。不过由于当时技术有限，染发的质量不是很高，会经常脱色。为此聪慧的古人还想出了拔发的方法，用手或者用镊子拔掉白色头发，这通常是男性采用的办法，女性则是戴假发，这样就可以遮住白头发了。皱纹是肌肤老化的正常现象，就算护肤驻颜有道，也会留下岁月的痕迹，所以乌黑的头发就是保持年轻活力的主要措施，有些男性也会拔掉胡须，一是看上去年轻，二是显得面部干净整洁。

除了染发，作为一个美男子也需特别注意眉毛的形状。正所谓眉目传情，眉和目都位于脸部最重要的位置，所以古往今来，眉妆备受人们欢迎。在魏晋时期，眉式仍旧遵循前朝正统的蛾眉与长眉，大有复古的气息。当时眉式是比较单一的，但是眉色丰富，色彩运用比较大胆，画眉颜料有黑色、藏青色、黄色等，让眉妆从质朴走向富丽。眉妆从上流阶层传播到民间，很受人们的喜爱。魏晋时期人们主要用黛当作画眉颜料，黛是一种青黑色的颜料，磨成粉末，加水调试后，涂于眉部即可。眉形以长眉为主，魏武帝至齐梁时期一度还兴起过连头眉，就是眉头连起来的眉式，也是别具风采，很符合当时的审美标准。

魏晋时期，化妆技术渐趋成熟，男女共同推进美妆的发展与进步，为现在美妆行业的发展做出了很大的贡献。例如当时流行的酒晕妆、桃花妆、晓霞妆、额黄妆等，也是后世经常仿照的妆容。面饰基本上也是起源于这个时期，如斜红、额黄、面靥、花钿等。

魏晋男子流行化妆美容，化妆之风盛行一时，见到抹粉施朱的男性不足为奇，满街皆是。他们非常注重打扮，注意个人形象的保持，从精致的妆容到乌黑的秀发，再到平时的护肤养颜，这完全就是一个美男子的养成记。

男子也在用的古法美白护肤攻略

在魏晋时期，几个男子从身边路过，脸上擦的粉可以染白脚下的石子路，这样形容并不夸张，且看一下魏晋的美白护肤攻略。

“一白遮百丑”是自古以来的审美标准，无论女性还是男性，都会在脸上敷粉使其白，认为这样会更加美观。所以这些男子就会寻找美白的方法，主要就是服用五石散。

- 退出舞台的五石散

五石散是由紫石英、白石英、钟乳石、赤石脂、石硫黄等制作而成。食用之后，肌肤红润嫩滑有光泽，甚至还被誉为长生不老、返老还童的神药。很多人都争相服用，成本和价格都特别高。五石散还被认为是身份地位的一种象征，是普通人享受不到的奢侈品。肌肤变嫩的同时，也带来了一系列问题，衣物等都会对皮肤带来伤害，甚至连洗澡都是问题，是真的吹弹可破、娇艳欲滴。于是很多人就不洗澡，因此有了“扪虱而谈”的历史典故，不过这在当时被传为佳话，能够证明一个人的娇嫩，虱子是权贵阶层的特有“宠物”。

虽有明显功效，但还有很大的负面效果，皮肤会逐渐变黄，严重者会中毒，因为这几种材料加在一起就相当于毒品。经常服用，无异于慢性自杀，还会刺激神经产生飘飘欲仙之感，逐渐迷失自我，沉迷其中，被后人调侃为“嗑药”。在魏晋之后，五石散逐渐退出历史的舞台。

- 危险与美并存的古代打底

现在为了化妆让人等待已经成为女性的一种特权。其实，在古代也有这种现象，男子也可以享受被人等的待遇。“不先与谈。时天暑热，植因呼常从取水自澡讫，傅粉。”曹植的朋友来访，他淡定地先化个妆、抹个粉，妆扮好之后才缓缓地走出去。

当时主要使用胡粉上妆，也就是现在所说的打底，要尽可能多抹，可使肌肤细腻润白，突出脸白的特征。胡粉由铅制作而成，成分包括铅、锡、铝、锌等各种化学元素。铅粉美白效果极好，不过古代技术不发达，含有较多纯铅。铅是重金属，具有毒性，长期涂脸会有中毒的迹象。当时也有用水银的，这是极端的美白成分，使用过的人大多香消玉殒。

- 男性化妆也是一种历史文化

爱美固然重要，不过要注意方法，有些“病态美”还是要适当舍弃。古时，男性也会适当地涂点口脂，增加气色。平时使用中草药等做个面膜护肤，全然一副仙风道骨的模样。

古往中外，不分男女，人皆爱美，男性化妆也是一种历史文化。现如今，美妆界也在为男性设立专门的化妆品店以及美容护肤的产品，男性化妆逐渐成为时尚文化。

绅士的品格——膏泽脂香

《世说新语》有一门名为“容止”，记载了众多美男的故事。而美男如玉，已经成为魏晋南北朝时期的社会特征。这个时期就已经“膏泽脂香，早暮递进”，呈现“肤如凝脂，唇赛点朱，面似月下白玉，腰如风中杨柳，口嘘兰麝，体溢芳香”之风。要说男性护肤美容，不得不说一下美男如玉的魏晋时期，魏晋美男把精致发挥到了极致，早晚都要化妆，不化妆不见人，对仪表特别讲究。

都说闻香识女人，作为精致的男人，自然也有自己的专属气味，路过之后空气中必会留下阵阵余香。古代的香水就是香泽，一种用于润发的香油，能使头发乌黑光润，同时还能防治脱发、头屑过多等头发疾病，起到美发和保健的双重作用。古代的口香糖则是鸡舌香，用来清新口气。除此之外，也使用熏香，将香料点燃，然后将衣服熏香，香味便可持久，有“坐处三日香”的说法。后来转变为佩戴香囊，东晋名将谢玄年轻的时候就“好佩紫罗香囊”。

这是一个飘香的时代，也是香文化发展的一个重要阶段，从贵族到平民，从宗教仪式到日常生活，都可以普遍用香。熏香风气不断发展，后由于进口香料过于昂贵，熏香逐渐成为上层人士享受的特权。

东晋的石崇富可敌国，家中厕所也要熏香。厕内“常有十余婢侍列，皆有容色，置甲煎粉、沉香汁，有如厕者，皆易新衣而出，客多羞脱衣”。而王敦却举止从容，“脱故着新，意色无怍”。一贯生活简朴的尚书郎刘寔到石崇家，如厕时见“有绛纹帐，裀褥甚丽，两婢持香囊”，以为错进卧室，急忙退出并连连道歉，石崇则说，那里的确是厕所啊！

魏晋对香料的作用和特点已有较深的研究，出现了“香方”的概念，除了增添香气的香，还出现了具有药用价值的药香。香药的种类越发丰富，数量也明显增加，从单一的香料发展为多种香料的合成配制，促进了我国香文化的发展。

懂得化妆的魏晋人也同样注意护肤。口脂是化妆的步骤之一，相当于现在的润唇膏，涂于唇部，有滋润提亮、防止口裂和去死皮的功效。面脂是脸部的保养品，是用来润面的油脂，如同现在的面霜，可使得皮肤光滑细腻，一般是由动物油脂、矿物蜡和各种香料制作而成。动物的油脂，通常是羊脂或牛的骨髓，北魏的贾思勰在《齐民要术·种红蓝花栀子》里写道："合面脂法：用牛髓。"

真正精致的男人是体面有内涵的，因为丰富的内在可以让其在众多精致的同类中脱颖而出。魏晋美男个性突出，俊美不失才气。追求精致的生活态度，展现良好的个人形象，这也是自我修养的表现。

第三节　人物

看杀卫玠：落尘于喧嚣的玉雕美男

无论是盛世还是乱世，娱乐始终是市井生活中不可或缺的一部分。每个时代都有引领风骚的人物，也有众人追捧的绝世美颜。其中就包括魏晋十大美男之一的卫玠。

魏晋是历史上战乱纷争不断的时代，也是盛产“美男子”的时代，生于乱世之中的魏晋人民，还热衷于追捧才貌双全的高贤雅士。颜值崇拜绝非妄断，从《世说新语·容止》中可见一斑，这本“帅哥录”里共记录了37个美男：夏侯玄、嵇康、王衍、潘岳、卫玠等等。如同今日大众对小鲜肉的追捧，魏晋时代也有相当规模的“粉丝经济”。

- 倾城美颜，白面玉人

自古红颜多薄命，如《世说新语》中所言：“卫玠从豫章至下都，人久闻其名，观者如堵墙。玠先有羸疾，体不堪劳，遂成病而死。时人谓看杀卫玠。”这个殒命于喧嚣红尘的美男子，究竟有着何等英俊的容貌？又是如何赢得众人的喜爱的？据说卫玠小时候就长得非常精神：“玠字叔宝，年五岁，风神秀异。”以至于到了总角之年，他去逛街，看到他的群众都以为他是玉雕的美人，全城为之轰动。他出身于名门望族，过着衣食无忧的生活，本人十分聪慧，“好言玄理”，善于思考和与人交谈哲学问题。

古时的美人，不止以容貌身姿获得万众瞩目，他们之中的大多数都“漂亮得不像实力派”——不仅其貌美如玉人，而且因他博学多识，吸引了众多粉丝，不过他的命运也随着时代的脉搏而浮沉。

- 与玠同游，明珠在侧

有一次，他去大哲学家乐广家里玩，问了乐广一个问题，把乐广问得不知所措：“形神所不接而梦，岂是想邪？”乐广的回答并未让卫玠解开疑惑，反而让他心郁成疾。乐广听到卫玠生病的消息之后，拿着《周礼》驾车去给卫玠解答疑惑，他当时觉得这个小朋友聪慧过人，将来一定是风流倜傥的玉面书生，于是暗暗决定把自己的女儿嫁给他。卫玠自小身子羸弱，以至于其母“恒禁其语”。然而聪明又善于言谈的卫玠一刻都闲不住，作为继何晏、王弼之后的著名清谈名士和玄学家，能够与卫玠交谈，真可谓“听君一席话，胜读十年书”。跟他当好朋友一起出去玩，不仅能引人注目，还能补脑长智力。王济觉得和他出门倍儿有面子：“与玠同游，冏若明珠之在侧，朗然照人。”

- 薄命红颜，落尘喧嚣

卫玠若真有如上所述的美色和聪慧，就怪不得有那么多人为之倾倒，不过上文提到的“看杀卫玠”，可能还真是卫玠的死因。《世说新语》记载：“卫玠始度江，见王大将军。因夜坐，大将军命谢幼舆。玠见谢，甚悦之，都不复顾王，遂达旦微言。王永夕不得豫。玠体素羸，恒为母所禁，尔夕忽极，于此病笃，遂不起。”卫玠在这次渡江之后就命不久矣，他在这次举家逃难的过程中耗费了太多精力，况且他又是个身体羸弱的文人。在与谢鲲的长谈之后，卫玠又几经辗转投奔王导。在此期间，很多文人墨客纷纷慕名而来拜访卫玠，而他又非闭门拒客之人。可能是体力透支，卫玠从此一病不起，落尘于喧嚣之中，于是留下了这个“看杀卫玠”的故事。魏晋时期的美男“肤如凝脂、白赛玉垩、腰似柳枝”，美男们声名远播。卫玠一走到街市上，便“观者如堵”，这一现象的出现是因为有尚美的风气、独树一帜的审美观以及大众欣赏名贤雅士的“追星”需求。

卫玠的结局是令人唏嘘的，聪慧过人的绝世美颜落尘于喧嚣之中，终究抵不过乱世的命运流转。

貌比潘安，却忘了“潘才如江”

西晋时，相传有一绝美男子，每每驾车走在街上，总引得小到二八少女，大到六旬老妇的爱慕与追捧，时不时还用水果往其车里丢，使得男子总是满载而归，这就是“掷果盈车”的故事，而故事的主人公就是古代第一美男子——潘安。

潘安，本名潘岳，字安仁，西晋时期荥阳中牟人。《晋书·潘岳传》载：“岳少以才颖见称，乡邑号为奇童。”潘安少时就聪慧至极，十里八乡都称其为天才少年。曾多次随父宦游各地，年纪轻轻已见多识广，学富五车，后被称为西晋的三大文学家之一。但千古以来，关于潘安的关键词最多的还是他姣好的容颜。那么潘安究竟有多美呢？《世说新语》记载：“左太冲绝丑，亦复效岳游遨，于是群妪齐共乱唾之，委顿而返。”左思长得极丑，但他效仿潘安也去四处游逛，想获得和潘安一样的人气，谁承想，追捧倒是没有，反而挨了女人们一顿乱唾。左思是当时的著名文人，闹这么一出，潘岳的美名反而更大了。《世说新语·容止》中记载“潘安仁、夏侯湛并有美容，喜同行，时人谓之连璧”。某日，有两位风度翩翩的男子，在街上并肩而行，这二人都有着比女子还好看的容颜，谈笑间的一举一动更是温文儒雅。所到之处，女子无不痴迷，男子无不嫉妒，于是被称之为连璧。连璧是指并连的两块璧玉，比喻并美的两物。这里用璧玉来喻这二位男子，表现二人绝美的容颜和脱俗的气质。

雅致县令打造十里桃林

那年潘安做河阳县令时，发现此地的地理环境很适合种植桃花，于是便带领全县百姓开始栽种桃树。来年春天，满县桃花竞相开放，犹如桃林仙境般，惹得人人称羡，百姓十分欢喜。再加上潘安倾城容貌和这桃林美景互衬，遂有了这“河阳一县花”的美称。县花还有另一层意思，即比喻地方官善于治理，表达百姓对潘安治理有方的赞赏。这十里桃林的点子，怕也只有像潘安这样的雅致之士才能想出。

● 一往情深深几许

潘安与杨家小女定下婚事，两人青梅竹马，直到 24 岁结婚。然而 50 岁时，妻子不幸逝世，二十六载举案齐眉，相敬如宾，如今却只留下他一人。潘安悲痛至极，为爱妻服丧整整一年，自此，没有再娶。杨氏逝世一年后，潘安写下了三首《悼亡诗》，表达对爱妻的绵绵思念与眷恋之情。“如彼游川鱼，比目中路析”，这是悼亡诗中的一句，是说你我夫妻本来恩恩爱爱，如今你却狠心抛下我独自离去，就像比目鱼的分崩离析。诗中所流露的自然却又深沉的夫妻之情，从此广泛流传。久而久之，《悼亡诗》便演变成了所有丈夫哀悼亡妻的专用诗题。

古代女子往往身份低微，大场面都是男人的地盘，而女子的终身事业便是相夫教子，鲜少有像潘安这样的男子，高调地宣布对妻子的思念与爱慕。况且凭借潘安的名望和地位，多少豆蔻少女争相拜访，暗送情意。然而痴情的潘安，除了爱妻，眼里容不下任何人。如此的一往情深，无论是为他的容貌还是品质都加了不少分。从此，世间便有了“潘杨之好”的佳话。

● 史上阵容强大的文学盛宴

潘安与当时著名的众文豪经常聚集在石崇的别墅——洛阳金谷园中，谈论文学，吟诗作赋，世人称之为金谷二十四友。这二十四位风流才子，几乎都是西晋文坛的“泰斗级”人物，堪称西晋文坛的一个缩影。

以潘安为首的金谷二十四友，有这样的一个佳话：西晋时期的一个大将军王翊要前往长安，于是金谷二十四友在洛阳之河阳县金谷园里摆了个欢送会，这是一次超强阵容的文人聚会，世人称之为“金谷宴集”。这次聚会中，各文豪相互切磋，把酒言欢，好生痛快。与其说是一场送行，不如说是一场文学盛宴。

潘安抱负远大，政治上也有极大的野心。试想，无论是外貌还是才华都受到万人景仰的他，自然春风得意，但表现在政治上却是急功近利。潘安最终还是站错了队伍，因此当昔日政敌上位时，第一个铲除的便是潘安。遥想当年，潘安写了一篇《籍田赋》，因文章写得太好，遭到许多大臣的嫉恨，于是被排挤出朝廷，从此赋闲 10 年。那时河阳县的雅致县令，日日细心栽培桃花，在桃林中赋诗作对。妻子杨氏一边温酒一边与他打趣，兴正浓时，也会与妻子就文章的辞藻探讨一番。比起朝堂的尔虞我诈、钩心斗角，这十里桃林才该是潘安的归宿。世人常说“貌比潘安”，却忘了“潘才如江”。

面容是内心的镜子。如若内心贫乏，那么潘安之貌就味同嚼蜡，不值一提了。因此，世人不仅仰慕他的盛世容颜，更传颂他的文江学海，欣赏他的一往情深。

第四节　古为今用

偶像新势力，引领美妆新风向

提起化妆，很多人的第一印象就是女性，觉得男性化妆就是非正常事件。然而随着审美的改变，男性化妆已经成为当今的一种潮流、一种时尚取向。男性化妆品市场也初具规模，男性的美妆意识正在觉醒，护肤美颜已经不再是罕见的事情。不仅如此，许多男性明星纷纷代言起美妆品牌，杨洋代言娇兰口红，刘昊然代言一叶子，王源代言欧莱雅，等等。

在社交平台上，男性美妆博主也占据了直播界的半壁江山，在带货能力上毫不逊色于女性。在娱乐圈，化妆已经不是什么稀奇之事。其实美妆的作用更多体现在影视剧中，尤其是黑化或者反派扮演者，在妆容上就可以看出那种凌厉、深邃的眼影，暗色的口红等，让观众更具有代入感。美妆观念已经渗透到人们的日常生活中，可以说正从日常所需走向日常必须，不论是男性明星还是大众，无论男性还是女性，都在逐步加入美妆这个行列。

化妆不仅可以改变一个人的外在特征，还能增添一种特别的气质。男性明星也并非都有天生丽质的外表，有的也靠化妆来营造美感，塑造帅气的形象。时代已经在改变，化妆也不再是女性的专属，男性也通过化妆改变自己的气质面貌，越来越多的人加入化妆的行业，大众也逐渐接受男性化妆的现象，甚至学会了欣赏。而这也是美妆的魅力，人人都可以追求美，无论男女。

第七章

唐：美妆产业链初步形成

第一节 审美

没有任何一个朝代像唐朝那样开放包容，也没有任何一个朝代像唐朝那样对女性的身材如此宽容。相信每一个深谙减肥之苦的女性都曾经哀叹，为什么自己没有生在唐朝呢？那么唐朝为什么会“以胖为美”呢？

初唐：“以胖为美”审美观的起源

唐朝之前无论是文献记载还是社会大众，对女性的审美取向都是以纤细和高挑为美。初唐时期，显然仍延续了这样的审美观点。唐初僧人法宣有诗“宫里束纤腰”，可见“纤腰袅袅”在当时仍是“美人”的必备要求。而“以胖为美”的审美观起源于唐高宗时期，并在武则天时期真正成型。这一方面是因为随着唐朝综合实力的增强，社会物质生活丰富，体态丰盈的女性逐渐增多；另一方面唐朝民族多元融合，对女性的禁锢和约束比较少，女子也可以外出活动，因此对女性美的欣赏以健康美和自然美为主。再加之历史上第一位女皇武则天的形象正是丰硕之美，而统治者的审美很容易为普通人所认同。因此，在初唐初步建立了以“丰腴、英武、健康”为美的审美观点。

初唐时期阎立本《步辇图》

盛唐：丰肥浓丽的审美风尚

唐玄宗开元年间，唐朝进入了政治开明、经济繁荣的全盛时期，“以胖为美”的审美观已经被社会各界完全认同。这一时期女性美的代表人物当数杨贵妃。唐代著名诗人白居易的《长恨歌》里所写“温泉水滑洗凝脂”，为我们描绘了一个“肤润玉肌丰”的“胖美人”。值得一提的是，唐朝所谓的“以胖为美”，并非越胖越好，而是一种匀称的“丰腴富态、雍容典雅”的体态。从盛唐时期的一些文献和出土文物中，我们可以明显看到，这一时期肌丰体肥正是符合当时“以胖为美”的盛唐人的审美时尚的。而且非常准确地传达了那个时期的审美情趣，“丰肥浓丽、热烈放姿”这一时尚风潮的主流被体现得淋漓尽致。

中唐时期周昉《簪花仕女图》（局部）

中晚唐：“以胖为美”审美观的消失

唐朝历史的转折点——安史之乱，同样也是击溃唐人自信和豪迈、颠覆社会风尚的转折点。安史之乱后唐朝国力和经济开始不可逆转地衰落，人们的审美心理也随之发生了极大的变化。就女性审美而言，纤瘦轻盈又逐渐取代了丰肥浓丽成为流行，正如李涉《竹枝词》所言：“细腰争舞君沉醉，白日秦兵天下来。”至此，“以胖为美”的审美观开始慢慢退出历史舞台，这个在中国封建历史中审美观念独树一帜的时代正式结束。

中晚唐时期张萱《虢国夫人游春图》

在人类美学史中，社会风尚对审美的影响是最主要的，而社会风尚与朝代的发展和政治的变化密不可分。因此，也只有在发展顶峰的盛唐才会出现古代女性美学观发展的特殊时期，形成“以胖为美”的独特审美观，令后人不断回望回味。

整容风起，义眼来凑

整容术对于现代人来说已经不足为奇了。爱美之心人皆有之，大众对整容的宽容度也越来越高。但大多数人不知道的是，其实在中国古代，人们很早就发明了整容术。

唐代盛行的人工“酒窝”

在唐代，除了以胖为美，有酒窝也被定义为女性美的标准之一。于是追求美的女性就想出了一个制作人工“酒窝”的办法：在嘴角处加两小点的胭脂，笑起来像酒窝一样。慢慢地，这种人工“酒窝”就成为流行的一种时尚。唐诗《恨妆成》中就曾记载“满头行小梳，当面施圆靥。最恨落花时，妆成独披掩”，其中“圆靥”就是酒窝的意思。

在唐代初期，女性通常在两边脸上酒窝附近用胭脂各点染一个黄豆般大小的圆点，被称为面靥，“靥”原指酒窝，又称“笑靥”“妆靥”“花靥”。之后面靥的形状和类型开始被发扬光大，颜色变为多种，有红色、黄色等，甚至有用金箔、翠羽等物进行粘贴妆点的；样式也更加丰富，有的形如钱币，有的饰以花纹，有的甚至增加鸟兽纹式样。

敦煌莫高窟61窟供养像

面靥的起源还有另外一种说法，相传妃子身体不适，不能接受帝王临幸时，便会在脸上点个小点，称为点痣，女史见此即不用列名，后传到民间便演变为脸上的妆饰。

不管面靥究竟是从何起源，但当时的女性确实把它当作一种变美的方式，这种人工“酒窝”成为她们脸上非常有辨识度的两点。

● 唐代的义眼术

比起人工“酒窝”这种相对温和的整容技巧，唐代还有另外一种整容手术——义眼术。《全唐诗》中有诗句：“二十九人及第，五十七眼看花”，这少的一眼，正是因为其中一位“尝失一目，以珠代之”。由此可见，远在1000多年前的唐朝，就已经有安装假眼的手术了。而义眼术在南宋时已经发展到以假乱真的程度，元代陶宗仪的《南村辍耕录》记载：“宋时，杭州张存，幼患一目，时称张瞎子，忽遇巧匠，为之安一磁眼障蔽于上，人皆不能辨其伪。”

整形术并不是现代人的专利，在距今千百年前的古代已经有了一定的基础了。据史料载，国内外的整形术最初都是从耳环、鼻环、文身和人造瘢图案等形体妆饰开始的，甚至一直流行至今。

不得不说，古人也是走在时尚前沿的，古代整容术不仅仅只是为了锦上添花，还造福了很多因为意外或先天原因而面部有缺陷的人，使其获得更好的生活质量。也正是因为古代人智慧的积淀，整形术才会在今天有如此快速的发展。

第二节　美妆

白妆青黛：盛唐时期的美妆真相

说到唐朝的美妆，人们的脑海里总是会浮现出很多与杨贵妃形象相似的美妆特点。众所周知，唐朝以胖为美，是富裕的象征，是自信的表现，那在美妆的发展演变方面，又有着怎样的独特性呢？

现代各种美妆护肤品种类日益增加，美妆的工序也不断增多。唐朝相比其他历史时期，政治、经济、文化等相对发达，在美妆方面，已经有了相对完整的七道工序。这七道工序也完美演绎了整个盛唐时期的白妆青黛。

第一道：施铅粉

铅粉的美白作用是受当时众多女子追捧的直接因素。所谓的“一白遮百丑”理念在古代也尤为普遍。铅粉作为当时化妆打底的第一道重要工序，是从唐之前延续下来的基础化妆技巧。虽然长期使用铅粉对人体有伤害，但在追求美貌面前，其伤害早已被人抛诸脑后了。据唐书记载，唐玄宗每年赏给杨贵妃姐妹的脂粉费竟高达百万两。

《中华古今注》中说杨贵妃将“白妆黑眉”作为新的化妆风格，引起了众多女子的竞相模仿，这无疑增加了她们对铅粉的喜爱。而人们经常会用“铅华”一词形容古代女子，也是来源于此。

第二道：抹胭脂

胭脂也是传承了之前的美妆工序。随着后期胭脂制作材料的丰富，如一些动物脂成分的加入，使胭脂在带给人们红色妆容的同时，也有了一些滋养作用。在很多场合，女子还会将经过加工的小而薄的花片直接贴在脸上，成为胭脂的另外一种形式。

王仁裕《开元天宝遗事》记：“贵妃每至夏月，常衣轻绡，使侍儿交扇鼓风，犹不解其热。每有汗出，红腻而多香，或拭之于巾帕之上，其色如桃红也。”说的是杨贵妃因为涂抹了脂粉，连汗水都染成了红色。同时也指出了古代女子在抹胭脂时会涂很厚的一层，对于洗下的红色胭脂水，更是用“胭脂泥”来形容。

第三道：画黛眉

美妆事业的发展，让化妆的技巧和方式变得多样化，在不同时期对美的追求标准也变化不定。唐朝的黛眉从眉形上看已多达十几种，包括之前的鸳鸯眉、分梢眉，还有小山眉、月眉、垂珠眉等。

盛唐时期的美妆，大方浓郁。女子会把眉毛画得阔而短，形如桂叶或蛾翅，多数则像倒八字一样呈现于面部。为了避免这种眉形会让眉毛看起来略显呆板，有些唐代女子会在画完眉毛之后，将一部分颜色晕开，淡淡地晕在眉部周围，因此有了新眉形倒晕眉的出现。

从唐朝诗人的作品中也可以看出当时眉妆的发展。元稹以“莫画长眉画短眉”道出眉妆的大致外观，李贺更是形象地表达了“新桂如蛾眉”。白居易《上阳白发人》中“青黛点眉眉细长”的表达更受人们的喜欢，而在《长恨歌》里也有“芙蓉如面柳如眉”的描写。

第四道：贴花钿

相比贴小而薄的花片作为胭脂，花钿更受唐朝女性喜欢，在各类古代影视剧中这一点也能得到印证。花钿的颜色主要有红、黄、绿三种，其中以红色居多。花钿的形式多样，多种花型都可以成为花钿的模板，使贴于额头的花钿变得更加生动。

张萱《捣练图》（局部）

做花钿的材料十分丰富，有金箔、贴纸、茶油花饼等多种，有的花钿甚至会真正用到蜻蜓翅膀，轻薄又有好看纹路的蜻蜓翅膀完美地被古代女子运用在妆容上。

● 第五道：点面靥

虽然画法简单，不需要太大、太夸张，但是作为盛唐美妆的一部分，面靥却是不可缺少的。最初是在两边脸上酒窝的位置点两个点，后来随着样式的增多，面靥也变得形式多样。

而早在商周时期，面靥是具有另外一种特殊意义的标志。古代妃子恰好来月事，就会点上面靥标志月事来临。这意外由来的面部妆容，便成为盛唐七步曲中的重要一步，后来演变出多种多样的面靥图案，进一步丰富了面靥内容，并且逐渐脱离了最初的用途。

● 第六道：描斜红

关于斜红的来历，有一个很有趣的故事。魏文帝曹丕宫中新添了一名宫女，叫薛夜来，文帝对她十分宠爱。一天夜里，文帝在灯下读书，四周围以水晶制成的屏风相隔。薛夜来走近文帝，不觉一头撞上屏风，顿时鲜血直流，伤处如朝霞将散，愈后仍留下两道疤痕，但文帝对她宠爱如昔。其他宫女有见及此，也模仿用胭脂在脸部画上这种血痕，名“晓霞妆”。时间一长，便演变成一种特殊的妆式——斜红。

因为一个意外而衍生的妆容恐怕非斜红莫属了，不过也是古代女子爱美的一种方式，从发现中不断探索美也是值得赞赏的！

● 第七道：涂唇脂

美妆的最后一道工序，怎能少了涂唇脂？现今的各种口红产品已经司空见惯，在盛唐时期，对于唇部的画法也很有讲究。在“以胖为美”的盛唐时期，富态全都显示在脸上，嘴唇却追求樱桃小嘴，以杨贵妃为一代美妆代表的唐朝女子，会用唇脂涂出宛如樱桃小嘴的唇妆。唐代诗人岑参在《醉戏窦子美人》中，就以“朱唇一点桃花殷”来形容唐朝的女性唇妆。

唐元和末年以后，由于受吐蕃服饰、化妆的影响，还出现了“啼妆”“泪妆”。顾名思义，就是把妆化得像哭泣一样，当时号称“时世妆”。诗人白居易曾在《时世妆》一诗中详细描述道：“时世妆，时世妆，出自城中传四方。时世流行无远近，腮不施朱面无粉。乌膏注唇唇似泥，双眉画作八字低。妍媸黑白失本态，妆成尽似含悲啼。”这种妆容不仅无甚美感,而且给人一种怪异之感,所以很快就不流行了。

七道工序简单地概括了盛唐时期的经典妆容。在领略了盛唐时期的美妆之后，我们就应该懂得美妆发展至今为何有如此多道工序了。

唐代是一个兼容并包的时代，这与唐王朝的疆域辽阔、经济繁荣有不可分割的关系。在唐朝，各民族之间的交流达到了空前的兴盛，对于外来文化有一种兼容并蓄的态度，与胡人的接触也较多，这使得民间兴起了一种胡风潮流。

皇帝谱胡曲，百姓爱胡服

在唐朝，胡曲十分流行，唐玄宗也十分喜爱胡曲。作为一位优秀的作曲家，他一生作曲无数，而他的曲子经常吸收来自西域的胡乐，被称为“胡部新声”。他加速了胡曲与中原音乐的渗透和融合，促进了胡音唐化的发展。

外来文化从各个方面影响着唐代人们的物质生活与精神生活，除了胡曲的渗透，胡骑和胡妆也备受推崇。隋唐时期男女都时兴胡服，女子的胡服一般不加修改，而男子的胡服则多是与汉服样式相结合形成的。尤其是在唐代，胡服极为盛行，甚至大有取代汉服之势。这一方面是因为在日常生活中胡服较当时的汉服更加方便，使得“习胡服，求便利”成为发展的潮流；另一方面传统的汉服在装饰时讲究礼仪等级，用色、图纹都要受较多限制。而胡服的装饰则更加自由，用色也更为大胆，只是出于纯粹的审美效果，并没有其他的考虑，因此备受爱美人士的钟爱。

唐代三彩釉陶胡服牵马佣

● 风靡的胡妆与时世妆

在化妆领域，唐朝也出现了许多具有异域风情的胡风妆饰。早在梁朝就有女子开始模仿胡妆，而到了唐朝胡妆更为流行，这就出现了上文中提到的时世妆。这种妆容以“褐粉涂面”，并且形成了配套的发型、唇色、眉式等。与胡服一样，胡妆的流行也对中原传统的化妆样式产生了影响。陈寅恪笺曰:“凡所谓摩登之妆束，多受外族之影响。此乃古今之通例,而不须详证者。又岂独元和一代为然哉？”

“胡音胡骑与胡妆，五十年来竞纷泊。”唐代诗人元稹的诗句生动地反映了唐朝时期胡风时尚的流行。从盛唐到中唐的 50 多年间，胡音、胡骑、胡妆的流行一直备受推崇,胡风席卷了中原大地。

第三节　人物

史上大牌面膜达人：武则天、杨玉环

唐朝是我国历史上政治经济文化高度发达的时代，在此背景下也诞生了不少出彩的人物，她们可称为一代传奇。抛开历史所赋予她们身上的光环，作为女人，在共同追求美的道路上，她们都有自己的独到之处。

武则天和“神仙玉女粉”

武则天非常注重养生及保养之道，《新唐书》中曾记：“太后虽春秋高，善自涂泽，虽左右不悟其衰”，可见她自身对容貌的追求，虽已至高龄状态但她仍保持着青春般的容貌。作为武则天护肤秘籍之一的“神仙玉女粉”面膜，其因减少皱纹和淡化色斑等强大的抗衰老功效深得武则天的喜爱。“神仙玉女粉”又名“益母草泽面方”，主要成分为益母草，益母草具有治疗肤色暗沉、祛除面部斑点和皱纹等功效，长期使用还能使皮肤红润有光泽。这一秘方被收录在《新修本草》和《本草纲目》中，后流传至民间。制作方法大致是：将五月初五采集的不带土的益母草晒干后捣成细粉过筛，加入面粉和水，调好成团晒干，用黄泥制成的炉子烧制，炼制出上等药丸，最后用玉锤研磨成粉，混入鹿角粉，然后将药放入瓷瓶密封待用。

杨玉环和“红玉膏”

杨玉环是中国古代四大美人之一，她的美尽人皆知。她不仅牵动了唐玄宗李隆基的心，同时也引发了唐朝文人雅士乃至民众的热议，白居易曾在《长恨歌》中用“回眸一笑百媚生，六宫粉黛无颜色”这样动人的辞藻写尽杨玉环的娇媚动人。集三千宠爱于一身的她被形容为“名花倾国两相欢，常得君王带笑看”，却在马嵬坡结束了自己的一生。

杨玉环保持容貌惊艳的秘方有两个，一个是名气不小的“红玉膏”，一个是“人参珍珠面膜”，都为她的挚爱。“红玉膏”，据说在唐朝为宫廷秘传，直到明朝才将此秘方传出禁宫，供后世沿用，而慈禧太后是“红玉膏”的追随者，天天使用为其容貌添色不少。“红玉膏”主要成分为杏仁，有滋润皮肤、通络利血之效，长期使用可以淡化皱纹、生肌润肤、防止皮肤衰老。“红玉膏”秘方制法为：将杏仁浸泡去皮后研磨至粉，加入轻粉、滑石粉等混合，蒸过后加入少许冰片、麝香，后用鸡蛋清调成膏状备用。

“红玉膏”是一款免洗面膜，与之齐名的“人参珍珠”面膜则是一款别样的水洗面膜。从命名就可以看出“人参珍珠”面膜的不平常，用料极为名贵，人参有延缓皮肤衰老、增加皮肤弹性的功效，珍珠有美白淡斑、控油生肌的功效，两者相结合打造了一款进阶版的面膜。其制作方法为：用珍珠、白玉、人参研磨至粉，混入上等藕粉，调和成膏状。

掀起古代护肤界面膜热潮的她们，代表着不同时代、不同经历、不同人生，但同为女人，她们都拥有颗爱美的少女心。

“美容大王”永和公主的洗面秘方

历史上的各朝公主比比皆是，有一生传奇的太平公主、知书达理的文成公主、敢爱敢恨的高阳公主、巾帼从军的平阳公主等等。而其中一位公主则完全不同，她算得上众多公主里面的一个“异类”了，她不关心金钱、政治和地位，一心研究美容养颜，被称为古代的“美容大王”，更是为后世留下了流传千年的护肤秘方。她就是永和公主。

洗面粉的由来

永和公主是唐肃宗的女儿。她从小就跟和政公主生活在一起，两位公主虽非一母所生，但感情十分要好。和政公主从小就正直精明、关注朝政，深得唐肃宗的喜爱，而永和公主则不同，她爱好研究各种可以让人变美的方法。

据说永和公主为了让她的美容实验材料更方便、新鲜一些，专门开垦了二三十亩地作为原料基地，种植各种各样她研究所需的原材料，完全将研究美容养颜作为一项自己的事业。

用现代的话讲，永和公主可以算得上一个非常有思想、有事业心的女强人了。她把美容当作了终身事业，经过一次次分析、一次次试验、一次次改进，才有了流传至今的护肤秘方——洗面粉。

洗面粉的方子

洗面粉收录于宋代的《太平圣惠方》里。洗面粉的方子是：鸡骨香 90 克，白芷、川芎、栝楼仁各 150 克，皂荚 300 克，大豆、赤小豆各 250 克，研磨筛净，去筋去皮，制成药粉。洗脸时当洁面粉使用，早晚各用一次。

皂荚、豆粉、栝楼仁可以清洁皮肤，除角质；川芎、白芷都有活血功能，也有美白效果；鸡骨香也是植物，又叫木沉香，也是祛风活络的，可以除湿，消除脸上的水肿。

洗面粉的可贵之处

永和公主研究的洗面粉最可贵的地方就是平民化，便于推广和流传。在古代，很多美容养颜秘方都是从宫廷里流传出来的。宫廷里的后妃公主们，凭借着尊贵的身份获得各类进贡，专挑各种稀奇贵重的材料使用，如白獭的骨髓、白猴的胎盘等，甚至为此不惜屠杀各类珍稀动物。

有些秘方即便是寻常的一些东西，但工序烦琐，极尽人力物力浪费之能事。比如桃花必须是三月初三的，还要在冰雪里贮藏 3 年，其他时节的不要；鸡血必须是乌鸡血，须是前面几滴，后面的污血不要；珍珠必须是大海中最新鲜的，河里的不要……就连普通的水，也要宫女太监们起个大早去收集清晨的朝露，而这些对于普通的百姓而言根本很难获取。

可永和公主的洗面方则不同，这些植物药材即使平民百姓也可以负担得起，真正实现了人人都可以追求美丽的愿望。尤其在当时，护肤理念缺失的情况下，弥足珍贵。

很多有美白效果的粉脂，添加了铅粉、滑石粉甚至石膏等，这些原料含有铅和汞等毒性物质，用久了皮肤反而会变得更加黑沉。而永和公主的洗面方用中医的方法进行调理，以达到护肤的目的，可说是理念非常先进了。

美可谓是从古至今我们一直在努力追求的目标，而洁净则是一切护肤美颜的开始，洗面粉在当时是一个跨时代的创造。

第四节　典故

中国历史上第一部正式的美容圣经——《妆台方》

隋唐时期，随着美妆在日常生活中的不断演变，人们在美妆技术和美妆审美上得到了多元化的发展，隋唐时期一度可以称为美妆的繁荣时代，由此诞生了中国历史上第一部正式的美妆秘籍《妆台方》。

《妆台方》的由来

《妆台方》由隋朝右卫大将军宇文述之子宇文士及所编著，宇文士及先受命为隋朝时期官员，后投靠唐朝，为唐高宗及唐太宗时期宰相。其代表著作作为中国历史上美妆发展的一本断代编年史，对当时乃至后世的美容界产生了不小的影响，令人可惜的是《妆台方》已佚失，但它的姊妹作《妆台记》中仍记载着关于民间和宫廷女子的妆容、发饰，可供考证。

《妆台记》的评价

《妆台记》记载了从上古时代的舜时期一直到唐末女子的妆容、妆发、妆饰，通过时代的演变探究不同时代妆容的发展。该书因记载古代妇女生活状况，在当时的社会环境下往往被视作不务正业、难登大雅之堂的下流作品，受到嘲讽、诋毁，被视为禁书。由此可见，当时人们对于美妆的认知意识仍较为落后，现今《妆台记》作为一部美妆秘籍，让后世对古代人们的妆容、发饰有了文字性的考证。

《妆台记》中的美妆秘籍

《妆台记》中关于唐朝宫廷女子妆发样式有如下介绍：“唐武德中，宫中梳半翻髻，又梳反绾髻、乐游髻，即水精殿名也。开元中，梳双鬟、望仙髻及回鹘髻。贵妃作愁来髻。”通过《妆台记》里对妆发的介绍，将唐朝流行的女子妆发进行总结，描述了初唐、中唐以及代表人物的妆发，从这些宫廷女子流行的妆发也可映射出当时社会对于女子妆发的审美观。

《妆台记》中关于唐朝眉的样式和画法记载道：“唐贞元中，又令宫人青黛画蛾眉”，用青黛画蛾眉就是当时最流行的画眉方式，唐朝蛾眉短而阔，不仅在宫廷中广为流传，在民间戏曲中也有所涉及。唐张祜曾在诗中说“却嫌脂粉污颜色，淡扫蛾眉朝至尊”，显示了蛾眉在唐朝美妆界的地位。

《妆台记》中关于唐朝面妆和唇妆有如下记载：唐朝上官昭容曾用花子作为面饰，以掩盖当时受墨刑后留下的痕迹。唐朝末年，女子点唇所用胭脂晕品为石榴娇、大红春、小红春、嫩吴香、半边娇、万金红、圣檀心、露珠儿、内家圆、天宫巧、恪儿殷、淡红心、猩猩晕、小朱龙、格双唐、眉花奴等，通过众多的胭脂品类可以看出唐朝面妆和唇妆发展的多元性。

虽然《妆台方》现今的部分内容已无从考证，但从其姊妹篇《妆台记》可以看出时代演变下美妆不同时期的发展特点，无论是《妆台方》还是《妆台记》，古代的美妆秘籍都为后世研究中国美妆史提供了巨大的参考价值。

第五节　古为今用

盛唐可称为中国文化发展的黄金时代，它继承南北朝孕育的文明，继而发扬光大，又融合了外来民族，成就了辉煌灿烂的文化。多元自由的盛世景象，促进了其时美妆的繁荣发展，对内和对外发达的贸易经济使得美妆产品大量流入民间，为现今研究唐代美妆文化留下了宝贵的资料。

- 唐代妆镜：古代铜镜发展的顶峰

唐代除了惊世的妆容，美妆相关产业的发展也确实值得后人称道。这一时期，铜镜的发展进入鼎盛时期，唐代铜镜一改汉代拘泥呆滞之态变为流畅华丽之姿，铸制风格由繁乱复杂而转为简洁大方，神态由静态变为动态，皮相由黑褐变为银白主调，基调由厚重严肃变为奔放热情，形制由单一的圆形变为多角棱或花瓣形等。

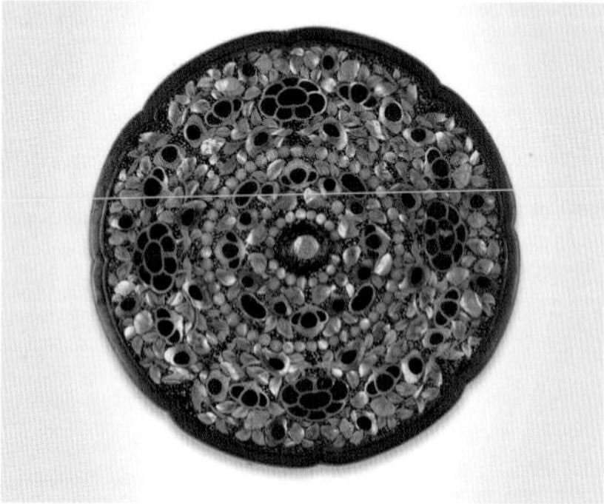

平螺钿背八角镜

现今在陕西历史博物馆及日本奈良的正仓院内，留下了不少唐代美妆的惊世作品，有着“中国最美铜镜”之誉的平螺钿背八角镜现在就保存在正仓院北仓。

平螺钿背八角镜是圣武天皇生前爱用的唐物，被收录在献纳目录《国家珍宝账》中。此铜镜镜面由白铜铸造，外形仿造八瓣花。背面以螺钿技法装饰，以红色琥珀为花心，用贝壳镶嵌出宝相花纹，缝隙之间镶嵌绿松石和青金石等细片，研磨后使其表面平滑，整个镜子的制作工艺尽显繁复奢华，华丽至极。

唐代铜镜是中国铜镜发展的顶峰。它铸作精良，形式多样，纹饰大方，设计简洁，光洁如银，充分展现盛世大唐的经济昌盛和文化繁荣。

唐代上层阶级妇女化妆程序可是相当复杂。敷铅粉、抹胭脂、画黛眉、贴花钿、点面靥、描斜红，最后涂唇脂。脂粉、花钿这类妆品，怎么能少了专门的盒子收纳？

目前考古发掘出土的梳妆用具有粉盒、胭脂盒、油缸、水盂、妆盘、刷、抿、梳篦、镜、剪、镊等，这些梳妆用具代表了当时最为先进的工艺技术。

陕西历史博物馆现存一枚来自盛唐的银香囊——葡萄花鸟纹银香囊。香囊通体由纯银打造，遵循了当时最流行的镂空球形构造。外面雕了缠绕的藤蔓和累累的葡萄以及花朵与飞鸟。让人疑惑的是，不管怎样晃动这枚香囊，盂内的香料都处于水平状态，不会洒落。这枚香囊精巧地融合了制造陀螺仪的技术，内部镶有持平环装置，而且为了保证它不被轻易打开，还在外层铸造了子母扣。其设计之巧妙，令今人叹绝。

葡萄花鸟纹银香囊

唐朝作为中国封建历史上一个包容开放的时代，文化输出和输入都达到了历史高峰，大到高阶层文人雅士的文学、宗教、音乐文化的输出，小到唐朝百姓日常生活的穿着打扮乃至生活品质的输出，现在在世界一些地方仍然留存着唐朝时期的影子。

席卷日本艺伎圈的大唐之风

唐朝时期的外交开放，使得中日文化有着很多相似的地方。在日本现今留存的不少文化中也都能依稀寻找到大唐时期的风采。从美妆角度来看，日本特有的艺伎文化的妆容就影射着唐代的妆容。

见过日本艺伎的人，往往第一印象便是白色面具脸、鲜红的嘴唇和突出的红色眼影。这一浓厚的妆容虽极大地偏离了现今大众的审美，但却用专属日本的极致手法刻画出女性妩媚动人的容态。

艺伎妆容的一大特点是重点鲜明的妆容留白。《艺伎回忆录》的作者对于妆容留白写道：化妆留下的自然肌肤可以引出男性的性欲。而具体妆容方面留白主要体现在两部分，一是发际线周围的留白，二是脖子后颈处的留白。为何选择这两处作为留白？从唐朝开始，日本便不断学习中国文化，深受儒家思想影响。儒家思想讲究忌讳露出肌肤，胸部和臀部也需由衣物遮挡，使得艺伎在化妆时选择性地突出了脖子后颈部和发际线周围。

而艺伎妆容妩媚但却内敛，展现出的是一种明显的东方美的形象。而这一审美形象的认知也透露着些许大唐的影子，一面展示了大唐盛世时开放的妩媚，一面又深受儒家“窈窕淑女”思想的束缚，将妩媚与内敛都做到了极致，日本人将二者融合，最终发展出了符合日本审美观点的艺伎妆容。

现今国际视野下的大唐之风

近几年，随着中国风席卷全球，不论是中国的语言、音乐、设计还是妆容、服饰，都一度掀起热潮，被世界争相模仿和学习。不少国际 T 台和各大品牌时装周都在试水唐风的妆容及服饰元素，他们捕捉到了唐朝元素的时尚影响力和未来的消费驱动力，用他们对大唐妆容和服饰的解读后再次创作，展示出国际化下大唐的风采。国际化视野下大唐为何能够在众多朝代中脱颖而出？这与其自身强大的影响和时代背景下对外界事物的包容性存在着必不可少的联系，也是唐风妆容、服饰在走出国门后能够受到众多外媒认可和好评的原因之一。

随着唐风的流行，关于唐朝历史的影视资源也接踵而至，《妖猫传》电影的原著小说就是由日本作家通过对唐朝历史的挖掘二次创作的产物，其中关于大唐妆容和服饰的描写也较为真实地还原和再现了唐朝的风貌。

究其根本，不论是过去还是现在，不论是妆容或是服饰的演变，都在说明一个共同的问题，那就是大唐之风仍在席卷全球，大唐之风的热潮也更为广泛地影响着时尚舞台。

第八章

宋：清雅内敛

第一节　审美

“三寸金莲”病态审美的开始

提起“ 三寸金莲 ”，你首先会联想到什么？或许是清宫剧中格格们踩着的花盆底鞋，或许是民国时期留存下的为数不多的缠足奶奶们的老照片，抑或潜意识下一种病态的审美认知。但无论是何种，在细究之后都略带着时代背景下女性的一点无奈和一点感伤。

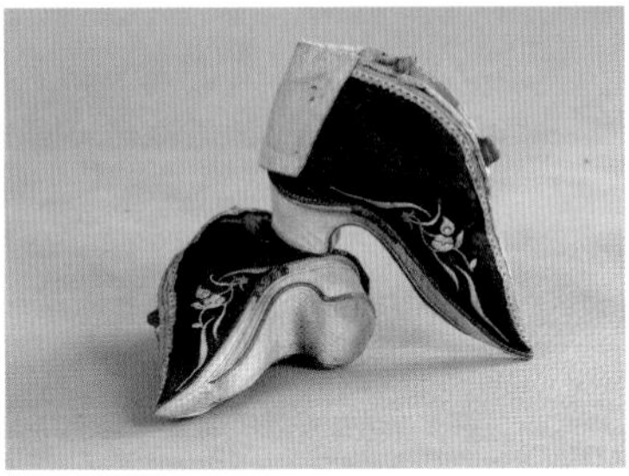

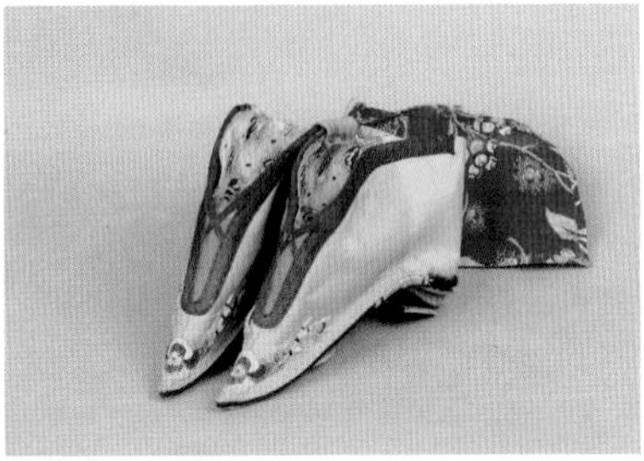

● “ 三寸金莲 ”的源起

“ 三寸金莲 ”的雏形就是缠足，而关于缠足的起源说法不一，根据高洪兴《缠足史》中记载，清朝将缠足发挥到了极致。

宋朝时期缠足是以纤直为主，与明清区别较大的在于并不弯曲，元朝之后，缠足开始往纤小方向发展，而明清之后缠足之风的盛行使其发展到了极端的“ 三寸金莲 ”，不但脚要小至三寸，而且还要弯。

● “ 三寸金莲 ”产生的时代背景

缠足始于何时，众说纷纭。到了宋朝，缠足开始推广，这与其时代背景有着密不可分的联系，宋朝是高度集权下的君主专制，统治者的意志大大影响了天下的百姓。《鹤林玉露》记载：建炎四年(1130 年)“ 柔福帝姬至，以足大疑之。颦蹙曰：金人驱迫，跣行万里，岂复故态。上为恻然 ”。《宋史 · 五行志》写道：“ 理宗朝，宫人束脚纤直。”由此不难看出宋朝皇室和上层社会人士对缠足的重视程度以及皇室、宫中女子缠足的例证。缠足或许就是从皇室和上层社会开始的。由于皇室及上层社会人士对于缠足的喜爱，自上而下地将缠足之美的思想广泛流传于民间，使得人们在潜移默化中将缠足这种极度扭曲和病态的形态视为一种独特的“女性美”。

宋朝程朱理学认为，理学是最为精致和完备的理论体系。在程朱理学支配下受迫害最深的莫过于女性，程朱理学对女性贞洁的道德要求走向了极端，将女性禁锢在闺阁之中，对她们的活动范围加以限制，而这些对女性的苛刻要求逐渐加深了人们对女性审美认知的畸形。

● “三寸金莲”影响下的审美认知

宋朝在高度集权的君主专制下，深受王朝集体性格影响，宋人表现出的性格偏内敛柔和，同时在理学的兴盛时代，女性地位被削弱，故此时女性多以柔为美，崇尚细腰削肩的“小清新”。与唐朝女性的丰腴慵倦相比，宋朝的仕女图中女性端庄健实、平和朴素，形象更多以娇小玲珑且身体消瘦为主，妆容也从唐朝的大气奢华演变为柔弱的小家碧玉风，潜意识地形成了宋朝女性审美的阴柔之风，素雅清淡成为当时宋朝女性主流的妆容审美。

从缠足的源起便可了解宋朝对大众审美共有的认知，或许有些偏激，或许有些病态，但这些正好反映了时代背景下的社会风气和思想理念，时代在不断向前推进，而审美也在跌宕起伏的历史长河中不断推翻更迭。

第二节　美妆

你如果想要探究宋朝的文化，不会不知道“唐宋八大家”，因为人们已经习惯上将唐宋联系起来研究。但你如果要探究宋朝的美妆，就会发现，其不仅与唐没有什么联系，甚至可以说截然相反。那么，宋朝的美妆究竟有着怎样翻天覆地的变化？

可能你身边就有看起来近乎“裸妆”的女子，其实并不是她们没有化妆，恰恰是妆容的淡雅清新以及化妆技术的精湛，使她们妆感若有似无。追溯这种妆容的起源就不难看出，早在宋朝，淡雅清新的妆容已经被人们广泛追捧了。

● “三白”粉底妆

与盛唐妆容相比，宋朝惯有的淡妆让人们记住了“三白妆”。何谓“三白妆”？是指额头、下巴、鼻梁三个部位处着重涂白。其实仔细想来，鼻梁的涂白倒更像今天的高光。

《王蜀宫妓图》（局部）

这种与唐朝反差甚大的妆容，在当时还被人们称为“薄妆”“素妆”，特点就是“薄施朱色，面透微红”。比“微红”更淡的一定是“粉红”，没错，还有一种宋朝特有的粉嫩的妆容，叫“檀晕妆”。从妆容的效果上，可以看出化妆技术的精湛。

在唐代，容颜鲜亮的面容上，一双弯弯的柳叶眉或许是造成体貌看起来较为臃肿的原因之一，虽说宋代的女子已不讲究以胖为美，但是这一弯眉被完美沿用了下来。

如果说细眉是唐代众多宫廷侍女所追捧的，那么，宋代最受欢迎的恐怕要数浅文殊眉了，这是宋代女子自创的一种眉妆。

不过，随着美妆的发展，除了原来就有的柳叶眉，宋代的美妆更是标新立异出现了粗眉。《丹铅续录·十眉图》里记载的一种倒晕眉便是粗眉的一种，当时女子对于这种眉妆的追捧丝毫不亚于上面提到的浅文殊眉。之所以叫倒晕眉，是因为这种眉妆会有层次的区别，跟今天用的眼影有几分相似。

● 面靥、鹅黄、斜红，珍珠取而代之

沿袭下来的妆容还有面部的鹅黄、面靥和斜红等，开美妆巨变先河的也是这几个小妆饰，奢侈的北宋皇后在原有的面靥、鹅黄和斜红的位置，都饰以珍珠。

这样的妆容远远看过去，与肤色还是会形成明显的区别。如此看来，其实也不难理解为什么会有“三白妆”的存在了。试想一下，如果真的是一张黝黑的面容，挂上几颗耀眼的珍珠，还真是有点让人接受不了。

或许你要问了，那这是皇家专属吗？那如果一般的黎民百姓没有钱财、没有珍珠怎么办？实际上，这也只是宋代女性对于妆容的发展延伸，一般的黎民百姓会用花草或者榆钱代替之前的妆饰。

珍珠相对难得，这一妆容也犹如昙花一现般只在宋代盛行。意外的是，2015年，纪梵希发布的一场时装秀中，走秀的女模每个人面部都贴有珍珠或宝石，当时的设计总监将这个创意命名为“滴泪凝成的明珠”。珍珠也好，晕眉也罢，无一不显示了宋代妆容低调内敛的风格。宋代早已把淡妆演绎得出神入化，妆容如同本身的容颜一样，这才是淡妆内养的宋代的经典之作。

与其说时代丰富了美妆的内容，倒不如说正是美妆的变化让历史更显惊艳。

檀色点唇——宋代最新流行色

宋朝女子给人的印象就是典雅温婉，我见犹怜之态和唐朝的奔放自由形成了鲜明对比。浓艳的红妆已经一去不复返，宋朝女性追求色彩浅淡的妆容，因为程朱理学兴起，宋朝的社会风气相对来说呈现保守的特征，女性的天性是处于被压抑的状态。

宋朝对女性的审美由华丽丰腴走向文弱清秀，更倾向于小家碧玉的纤弱美。妆容打扮都开始内敛起来，虽然化妆步骤一样不少，但妆容极为素洁，白面粉颊的唐妆绝迹，额心花钿几近于无，转而强调自然肤色和提升气质，对女性有了较为严苛的束缚。妆容以清新高雅为主，简单又不失美感，反而更能体现女性自身的文静与秀丽韵味。宋朝皇后尽管用了很多奢侈面饰、妆品，甚至将珍珠贴在脸部作为妆饰，但整体呈现的依旧是淡雅姿容。

西域传入的翠绿色青雀头黛是流行的眉样，而西汉初期流行的远山黛也是她们热情追捧的复古眉妆。当时唇妆的样式较为单一，没有太多的变化，主要是复古之风。北宋词人秦观在《南歌子》中写道："揉蓝衫子杏黄裙，独倚玉阑，无语点檀唇"，说的就是最为流行的檀色点唇，檀色就是浅绛色，相当于现在的豆沙色，这种颜色直到现在依旧受到欢迎，就像是时尚的一个轮回。

最早使用的点唇材料叫"唇脂"，它的主要原料丹是一种红色的矿物，也称作"朱砂"。后来用它加入适量动物脂膏制成唇脂，具有鲜明的色彩和光泽，是非常自然的一种颜色，很符合宋朝的审美追求。

当时的唇式主要是采用椭圆形唇妆画法。先用粉底将唇部涂成白色，后用唇刷在上唇画一个小椭圆，下唇画一个稍大的椭圆，要保证在嘴巴闭合时，呈现出一个完整的椭圆形状；接着再用深一色号的勾内唇线，尤其嘴角的部分，一定要画得比原本的唇角小，然后以唇脂重新点画唇形，唇厚者可以显薄，口大者可以描小，嘴大嘴小可以随意变换。

宋朝女性的唇妆，以小巧灵秀为主，可显得温婉动人，画法类似于现在的咬唇妆。主要目的就是达到“ 樱桃小口 ”的审美效果，“ 樱桃小口 ”带有男性特权的属性，宋朝女性是在保守的环境下追求时尚的。

直到近代社会，人们的自我意识才日趋觉醒，男女平等的观念为大众所接受，女性开始走向独立的个体，无论是化妆还是穿着都按照自己的需求而选择。虽说宋朝保守内敛，妆容特点也不突出，但是激发了人们追求内在涵养的愿望。宋朝女性，可以说是含蓄内敛、举止得体的典范。

不得不敬佩古人妆容的艺术感，具有极大的可观性，也给后人以无限的启发，甚至引领着美妆的潮流，不愧为古人智慧的结晶。

第三节　人物

后宫德妃刘氏：“非主流”到“主流”

后宫女子晋级的路线总结下来就两样：一是“天生丽质难自弃”，生得一副好皮相；二是“气质美如兰，才华馥比仙”，容貌虽稍逊一筹，可才华横溢，陪伴在帝王身侧，既是温柔乡，又是智囊团，怎会不讨他喜欢？

遗憾的是，德妃刘氏跟美貌、才华两者都搭不上边儿，在竞争激烈的后宫里，生生地活成了被人遗忘的路人甲。聪明才智是天生的，没法儿怨天尤人，可拼容貌刘氏输得实在有些冤。论五官身段，刘氏也是精致婀娜，绝不输给旁的妃子，坏就坏在刘氏的脸盘上。北宋流行婉约纤弱美，“两弯似蹙非蹙笼烟眉，一双似喜非喜含情目”。女子一张小脸薄施脂粉，泪光盈盈地望你一眼，楚楚可怜。

刘氏的五官不差，可偏偏长了一张如同圆盘般的大脸。别的妃子回眸一笑，宋真宗只觉得心头酥麻，宛如春风拂面；而刘氏回眸一笑，宋真宗在大热天儿硬是生生打了个激灵，出了一身冷汗。深宫里皇帝的态度就是风向标，受到冷遇的刘氏，日子过得自然十分不如意。在经历了怨恨和悲伤后，某天夜里，刘氏幡然醒悟，命运掌握在自己手中，只要努力定可改写。她知道一切都是“脸大”惹的祸，希望能有所改变。名医们捻须摇头，纷纷劝告这位不得宠的妃子：“缩脸”简直是痴心妄想。

刘氏便将目光投向了民间，执着的刘氏托人寻找江湖名医，历时数载，后来还真让她找到了这样一位能圆她美梦的医生。几经周折，距离梦想只有一步之遥，刘氏激动得难以抑制。召这位医生入宫后，刘氏与他多次交流，明白了能圆她美梦的是传说中的面部磨削术。面部磨削术其实就是现代磨腮削骨的雏形，北宋太医人手一本的医书全集《圣济总录》中便记载了用玉磨治疗面部瘢痕的实例。其基本原理便是利用玉石在皮肤表面进行摩擦，直至有疤痕的皮肤组织脱落，露出下层平滑的皮肤。

德妃刘氏访查到的这位医生在传统方法上更进一步，研发出了玉磨削骨术。手术过程触目惊心，为了把造成面部臃肿的肌骨消磨掉，用玉石在面部娇嫩的肌肤上反复摩擦，必定是鲜血淋漓，稍不注意便命殒当场，这场手术几乎耗时一整夜。不得不说，刘氏命中有这样一场富贵，虽然痛得差点掉了半条命，可她挺了过来，经过数月“休养”，最终痊愈。德妃刘氏成功征服皇帝，凭着玲珑身段和姣好面容，迎来人生巅峰。

后宫中对自己下得去如此狠手的着实不多。为了争夺男人的宠爱舍命削骨，德妃刘氏的这份勇气令人钦佩，又有些悲凉。千年后的现在，整容技术日臻成熟，不需要像古人般付出痛彻心扉的代价，这算是时代对女人的一种恩惠。但由整容批量产出的脸，还在提醒我们，在美这件事情上，自信独立的现代女性，还是要理性自持，美是为了自己，而不是别人。

第四节　典故

官方美容秘籍《太平圣惠方》

枸杞已被现代人看成保健养生的代名词，就连年轻人也加入了日常养生的行列，比如饮用枸杞红枣茶、山楂枸杞茶等等。枸杞被誉为生命之树，在古代除作为中药使用外，民间还流传着服用枸杞长生不老的诸多故事传说。

《太平圣惠方》中把枸杞神化了，称其为长生不老的灵药。此书是由北宋医官王怀隐等编写的，已收入980多个美容方剂，是我国中医美容史上的瑰宝，促进了中医美容事业的发展。

唐宋以来，吃枸杞养生成为一种社会风气。很多文人在食用枸杞之后，评价也是颇高，还会顺便宣传一番。据说北宋文学家苏轼在落魄时，曾以枸杞根茎当作食物，后来有感于自己的遭遇，创作了《后杞菊赋》与《枸杞》。他赞美枸杞根的价值，称其为仙树，并且希望仙人能赏赐枸杞来挽救自己的衰疾。

《太平圣惠方》中记载有"神仙服枸杞法"，故事内容颇具传奇色彩，虚构成分明显。有一人往西河为使，路逢一女子，年可十五六，打一老人，年可八九十。其使者深怪之，问其女子曰："此老人是何人？"女子曰："我曾孙。打之何怪？此有良药不肯服食，致使年老不能行步，所以决罚。"使者遂问女子："今年几许？"女曰："年三百七十二岁。"使者又问："药复有几种，可得闻乎？"女云："药惟一种，然有五名。"使者曰："五名何也？"女子曰："春名天精，夏名枸杞，秋名地骨，冬名仙人杖，亦名西王母杖。以四时采服之，令人与天地齐寿。"后经证实，枸杞中的确含有丰富的营养物质及药用成分，也有补肝补肾的作用，但并非能长生不老。

从古至今，枸杞都受到人们的欢迎，可以说是人见人爱。当然枸杞也有美容养颜的作用，枸杞中含有维生素、黄酮等抗氧化物质，对皮肤有很好的护养效果，能够抵抗衰老，是现在很多人的养颜必备品。

粉青釉纸槌瓶，宋朝女子香水瓶

香水向来是女性的心爱之物，也是化妆盒中必不可少的妆品。当代女性大多会用香水来增添气质和魅力。我国古代女性也同样使用香水，至宋代时，香水使用就已经普及了，宋代也是香水发展的变革时期。有宋诗曾这样写：“美人晓镜玉妆台，仙掌承来傅粉腮。莹彻琉璃瓶外影，闻香不待蜡封开。”寥寥数语，将宋朝女性嗅香水的神态跃然纸上。

宋朝人最爱的一种香水就是蔷薇水，顾名思义，就是从蔷薇中提炼出的精华制作而成。“蔷薇水蘸檀心紫，郁金薰染浓香。萼绿轻移云袜，华清低舞霓裳。”而这种品质良好的蔷薇水是从大食国(阿拉伯地区)进口的，这也是中国市场较早出现的一种进口香水。宋人蔡絛《铁围山丛谈》中记：“异域蔷薇花气馨烈非常，故大食国蔷薇水虽贮琉璃缶中，蜡密封其外，然香犹透彻，闻数十步，洒著人衣袂，经十数日不歇也。”

虽说品质优越，但进口香水太贵，于是就有人改良重新配制香水。用一种叫“朱栾”的花，其香绝胜，再集合其他香料，高温蒸馏，取其蒸馏液。这样的成品与进口品一对比，虽说品质差不多，但在气味上可明显区分。宋张世南《游宦纪闻》中对此配方就有详细的记述：“永嘉之柑，为天下冠。有一种名‘朱栾’，花比柑橘，其香绝胜。以笺香或降真香作片，锡为小甑，实花一重，香骨一重，常使花多于香，窍甑之傍，以泄汗液，以器贮之。毕，则撤甑去花，以液渍香，明日再蒸。凡三四易，花暴干，置磁器中密封，其香最佳。”

在南宋时，还制作出花露，在香炉中熏花露可是当时最为时尚的表现，宋朝是香文化的高峰时代。不仅如此，香水瓶也特别讲究。宋瓷是中国陶瓷发展的辉煌时期，南宋官窑粉青釉纸槌瓶，施釉厚润而平滑，表面细研紧致，而且色泽翠丽晶莹，配合走向、疏密和深浅不一的片纹，线条简洁流畅，淳朴中透露着秀美，呈现极其别致的美感。

浙江杭州南宋官窑博物馆的粉青釉纸槌瓶，就是南宋女性用来装香水的陶瓷，通常是皇室贵族用来盛放进口香水的器物。据传，这个香水瓶是由日本一位收藏家所提供，1978 年在宋元瓷器展览中大阪博物馆曾展出过，底部刻有“玉津园”款。“玉津园”，始建于周世宗时期，宋初加以扩建，为皇帝南郊大祀之所，又名“南御苑”。宋周密撰写的《武林旧事》中，曾记录金国使者到南宋都城杭州的事：“北使到阙，……四日，赴玉津园燕射。”类似于这样的瓶子，目前全球只有 16 件，而且大多都被收藏于博物馆。

宋时“花露蒸沉”而成“液”，制备香水的蒸馏萃取技术来自阿拉伯。现代制备香水的装备与那时原理相通并且更为精良，只是少了些古时的烟火气息和手工艺的亲近感。虽然宋时花露蒸沉而成之液的技术不够完善，与今日流行的精油不可同日而语，不过，却是早在千年之前，就以一缕缕不可复制的轻烟，如水漫云流般，交相低回。

第五节　古为今用

审美全球化的当代，纤纤柔美是否已成为过去式

“远山眉黛长，细柳腰肢袅”，这是晏几道形容美女歌姬李师师的诗句，宋朝以瘦为美，讲求骨感，例如“人比黄花瘦”，瘦到骨骼突出的李清照。当时对女性的审美就是纤柔病弱之态，削肩、平胸、柳腰、纤足。正是这种对于美的要求，造就了大批温柔贤淑、娇羞无力的“病中西施”。

《蝶恋花》小词中，就描写了一位娇羞的富贵人家的女子：“锦额重帘深几许。绣履弯弯，未省离朱户。强出娇羞都不语，绛绡频掩酥胸素。黛浅愁红妆淡伫。”纤纤柔美的女子成为当时男性的首选，女子也开始追求淡雅纯朴之美。因此宋朝的美女大多比较文弱娇小，虽说我见犹怜、弱不禁风成为审美主流，但是出现了重德轻色的倾向，宋代后宫中，以美貌得宠且被封为后妃的少而又少。皇帝的妃子大多选自高官显贵之家，讲究气质和修养，后妃们也都恪守礼教、温柔恭顺、庄重寡言、守本分懂世故，这和宋朝含蓄、内敛的风气有直接联系。

宋代审美文化在中国古典审美文化发展史中具有重要的意义和价值。作为中国古典审美文化的转折期和繁荣期，宋代审美文化促使中国古典审美文化从抗拒性统一走向了和谐性统一。服饰、器物和装饰上也有精简、婉约、素雅的美感，古典美学在宋代达到高峰。

虽说纤纤柔美受欢迎，但绝不是作为花瓶来摆放欣赏的。宋朝女性地位得到一定提升。夫妻不和，有权协议离婚。女性除了“家事”之外也有自己的“外事”，比如可以外出工作，她们可从事的工作很多。在餐饮服务上，可以卖酒，也可以做饭摆摊，当时还以聘请厨娘为时尚。女性的柔不是依附于男性存在的，她们可以凭自己的一技之长赚钱养家，社会各行各业都出现了女性的身影。

当代社会，纤纤柔美同样是男性喜欢的风格，只不过不再是单一之选而已。且不张扬的个性符合现在人们追求舒适的心境。

由于审美的多元化发展，加上社会的开放程度，男性也开始喜欢风格迥异的女性。比如个性豪爽、自立自强的女性；心态成熟、办事稳重，在工作上可以互帮互助的职业女性；妩媚妖娆，具有强大吸引力的女性。外貌、性格固然是吸引人的一方面，但最重要的还是素质和修养，毕竟内在美才是王道。

第九章

元：黄妆盛行

第一节　审美

蛾眉扫黛：元朝的美容真相

在中国的历史长河里，元朝经历过世间繁华，最终却又归于平静。元朝也是民族融合的朝代。那么，对于美妆历史而言，元朝又有着怎样的变化呢？

如果从今天的少数民族妆容来看，你或许会认为元朝女子妆容不仅精致艳丽，而且配饰也相当齐全。但是事实并非如此，元朝女子平日里打扮很朴素。其中有一部分原因是沿袭了宋代的妆容，还有一部分原因是以游牧为生的少数民族，相比在妆容方面的精雕细琢，她们倒是更愿意骑着马儿奔跑在原野上。直到与中原的汉族接触之后，这种惯有的自由洒脱才开始有所变化。

元朝女子妆容并不特别讲究烦琐，这一点在许多以元代为背景的影视剧里也得到了相应的证实。这从侧面反映了一段时期的女子妆容，必然跟社会的政局稳定、经济发展，甚至科技进步以及人们的审美等都有着密不可分的关系。元朝女扮男装，衣通穿、发同齐的现象再次证明了这一点。

元朝妆容以暗红为主色，一字眉盛行。随着社会的稳定、生活水平的提高，一些元朝的女子这才开始注意起了妆容，但由于之前流传下来的妆容都太过复杂，很多经典的妆容在这一时期并没有得到很好的延续。

元朝后期，女子钟爱的颜色基本为单一的暗红色，无论是服饰还是唇脂的颜色，都几乎采用暗红色。

台北故宫博物院馆藏的《历代帝后像》中，元世祖的察必皇后画像上的眉形不仅细长，而且平齐，是典型的一字眉。

与鹅黄、花钿的流行相类似，这些妆容的改变也是从宫廷贵族先开始的。元代的曲子中有“面花儿，贴在我芙蓉额儿”之语，欧洲传教士鲁布鲁克在《东行纪》用“黑色药膏”来形容当时蒙古族画眉的工具。

说到这里，不得不提的就是元朝的黄妆了。黄妆在元朝的游牧民族群体里，不单单是起着装饰作用，还有着美容作用。所谓黄妆，是冬季的时候在面部涂一层黄粉，直到第二年开春时节才会洗去。

这种天然的黄粉是用一种植物的茎碾成的粉末。涂了这种粉，不仅可以使肌肤细白柔嫩，还可以在长期的游牧生活中，抵挡严寒、沙砾等对面部的侵袭，和现今人们用草药面膜敷脸的美容方法不谋而合。

黄粉的来源出于对美丽容貌的追求。元代许国桢有一个三联方，即必须按照先后顺序将三种草药涂于面部，才可以达到“去皴皱，悦皮肤”的目的。而这三种草药的使用顺序是：先用“楮实散”擦洗面部，以彻底洁面，其中的“楮”是落叶乔木，其树皮是制造桑皮纸和宣纸的原料；接下来则用“桃仁膏”涂于皲裂的皮肤处；最后再用“玉屑膏”涂于面部。这样的三步护理，不亚于今天专业的美容机构对于面部美容的护理。如此看来，元朝对于面部的护理有着相当深入的研究。

在时光的流逝中，元朝那些登峰造极的膏药在今天已经难寻踪迹了，冬季皮肤皲裂的情况更是少见了，只是对于美丽容颜的探求之路却永无止境。

第二节　美妆

元代皇族常用美容方药洗脸

我国宫廷医学和宫廷美容术，对中医美容技术的发展有直接影响。由于宫廷医学的服务对象往往是帝王和后妃，他们平时养尊处优，稍有不适就会小题大做，因此宫廷医学治疗多以调理为主，很少需要猛烈的药物攻伐，且重视预防和日常食疗保健，治病方法稳妥平和，处方用药多采用轻灵平稳、口感好的药物，剂型安全，精工细作。这些对丰富中医保健养生和美容技术有十分重要的贡献。

封建社会，男尊女卑现象几乎充斥于当时社会的各个阶层。因此为了博取帝王的欢心和宠爱，确保地位的稳固，各朝各代的后妃们对自身的美容美颜可谓是费尽心机，对美容方法更是表现出异乎寻常的关注和在乎。

作为肩负后妃们容颜不衰之责的御医们，对此更是心知肚明，他们绞尽脑汁去配制各种专供后妃们使用的护肤品，于是在我国宫廷美容中出现了一种奇特的女尊男卑现象。

我国元代宫廷处方集《御药院方》中就有这样两张非常有代表意义的洗面药方，一张为供皇帝使用的“御前洗面药”，一张为供皇后使用的“皇后洗面液”。如将两张洗面药方仔细比较就能发现，皇后洗面液不仅药品种类比皇帝洗面液多，而且药物的配伍也更为讲究。“御前洗面药”内含药十五味，“皇后洗面液”在“御前洗面药”的基础上去掉甘松，增加了甘草、藿香、冬瓜仁、丝瓜、杜苓苓、广苓苓、土瓜根、脑子（冰片）、生栗子第二皮、白附子等药。

第三节　人物

名媛淑女曹妙清，才情与美貌兼备

“男大当婚，女大当嫁。”在现今，年近30岁的单身女性也许都有被催婚的经历，但是在元代，有这样一位女性，年过30岁还未婚嫁，这就是元代有名的名媛淑女曹妙清。

曹妙清，字比玉，自号雪斋，钱塘（今浙江杭州）人。与薛兰英、薛蕙英姐妹为同时代名媛淑女。曹妙清美貌与才气兼备，她不但在诗词文学上造诣非凡，而且书法也堪称一绝。另外曹妙清擅长击鼓、弹琴，多才多艺。

历史记载她之所以三十未嫁是为了侍奉母亲，因此被人们称赞“风操高洁”。曹妙清与元代著名文学家、书画家杨维桢是文友，曾与其互和《竹枝词》。她立志不嫁的决心，我们可从其《竹枝词》的诗句里略窥一二：

美人绝似董娇娆，家住南山第一桥。
不肯随人过湖去，月明夜夜自吹箫。

杨维桢答之云：

红牙管带紫狸毫，雪水初融玉带袍。
写得薛涛萱草贴，西湖纸价可能高。

“不肯随人过湖去”这句就说明了曹妙清是决心不肯嫁人的。而从杨维桢相和的诗句，我们能看出来曹妙清的才学造诣，“红牙管带紫狸毫，雪水初融玉带袍”这两句看似描述的是曹妙清用来写诗的笔具，实则是为了衬托她的才学；“写得薛涛萱草贴”更是将曹妙清和唐代女诗人薛涛相提并论；“西湖纸价可能高”说出了西湖一带的人都去向曹妙清求字，求字的人多到引起西湖的纸价也上涨，可见当时曹妙清在西湖一带的影响力。曹妙清还著有《弦歌集》，杨维桢为之作序，但未传于世。

元代是中国文学发展的又一高峰。元初科举长期停顿，文人才子都回归到田园或书会之中。他们的文学造诣多用于对美单纯的追求上，有的直接去为风尘女子写诗作画，所以其时对女性的学识持一种欣赏的态度。元朝出现了许多才貌兼具的女子，除了才女曹妙清，还有诸多名媛淑女。元顺帝的妃子凝香儿写有《采菱曲》《采莲曲》《弄月曲》与《天香亭歌》等；薛兰英、薛蕙英姐妹专门修建兰惠联芳楼用于研究诗词；世称“管夫人”的管道升是元朝著名的女书法家、画家和诗人，代表作有《璇玑图诗》《水竹图》等。这些女性除了拥有美貌还兼具才学，可见当时元朝对于女性之美的欣赏除了容貌，还上升到了一个新的境界。

第四节　典故

元青花瓷是指元代生产的青花瓷器，青花瓷器最早出现在唐代，由于元代当时引进了波斯的优良青花料苏麻离青，因此得到了发扬光大。再加上元朝蒙古人对于汉人的历史故事题材十分喜爱，喜欢将故事作为纹饰绘画在瓷罐上，使得元青花瓷开辟了由素瓷向彩瓷过渡的新时代。元青花瓷图案富丽雄浑，画风豪放，绘画层次丰富，与中华民族传统的清雅的审美情趣有所差异。

元青花瓷的辉煌起源于江西景德镇，景德镇窑在宋代一直从事青白釉的生产，而在元代，元青花瓷在这一基础上得到升华和提高，使得景德镇一跃成为中世纪世界制瓷业的中心。

元代景德镇的青花瓷器属于釉下彩制作工艺，以氧化钴为呈色剂，通常在1200 ℃以上的高温中一次烧成，而原本在胎体上绘制时呈现的黑色钴料纹样在高温下会变成鲜艳的蓝色，与略带青白色的白釉质地形成鲜明的反差，呈现出白底蓝花的美丽纹饰。

元青花瓷中纹饰图案以历史故事题材最具代表性，其数量虽然不多，但使用高超的绘画技法表现了很多元代杂剧的故事场景，图案鲜活、艳丽、明快，在同类花纹中独树一帜。也由于这一花纹特点，元青花瓷一般都是较大型的器件，如盖罐、梅瓶、玉壶春

瓶等。每制作一个元青花瓷，都要投入较大的成本和 精力，所以当时出产的元青花瓷制品并不多。据统计，元青花瓷的存世量也不过 400 多件，目前全世界收藏元青花瓷较丰富的机构，一是土耳其的卡比宫博物馆，有 40 件，二是伊朗国家博物馆，有32 件。另据披露，有 200 多件元青花瓷器都流失海外，国内的博物馆仅有藏品 100 余件。

海外元青花瓷反而比国内多的原因是，在当时，青花瓷是一种贸易产品，并且它的花纹十分符合海外人士的审美。所有出口的元青花瓷中最受喜爱的当数元青花粉盒，粉盒是古代女性存放脂粉的化妆盒，中国女性使用妆粉起源于战国时期，唐代就已经非常流行。而在元代，女性对化妆更是非常讲究和重视，这一点在元代的杂剧散曲中能找到很好的佐证，《拟美人八咏 · 春妆》记述道：“ 自将杨柳品题人，笑捻花枝比较春，输与海棠三四分。再偷匀，一半儿胭脂一半儿粉。”因此，元青花瓷粉盒非常流行，成为当时瓷器贸易的主要产品。

元代青花瓷粉盒所装饰的纹路与大件的元青花瓷有一定区别，其主要是饰以卷草纹、灵芝纹和飞雁纹，这些纹样表达了当时人们的日常生活审美情趣和思想观念。卷草纹在唐代就尤为流行，在宋代和元代已经成为瓷器必备的重要花纹。灵芝纹自古便是吉祥富贵、美好长寿的象征，元代青花瓷粉盒上的灵芝纹，反映了人们这一美好追求。而飞雁纹则反映了古代女性对美貌的追求和向往，《庄子 · 齐物论》记载：“ 毛嫱、丽姬，人之所美也，鱼见之深入，鸟见之高飞，麋鹿见之决骤，四者孰知天下之正色哉？”元代青花瓷粉盒所饰的飞雁纹，即是古代女子的意象反映，足见人们对女性容貌之美的象征和追求。

通过元青花瓷，我们能看出元代时期瓷器造型纹饰和社会风气，小小的元青花瓷粉盒浓缩着元代文化和对美的诠释，也可以看出元朝女性在妆容之外，对于化妆工具的追求。而精致典雅则是追求美的过程中永恒的向往。

“ 民以食为天 ”，中国在饮食上拥有悠久的文化，中国人也是最早将食物与养生结合在一起的民族。从神农尝百草开始，中国人就开始钻研饮食与养生之间的关系。中国饮食不但讲究色香味俱全，而且具有滋、养、补的特点。

正因为古人很早就发现了食物与养生美容的关系，因此出现了在食物中添加药食两用的中药的热潮。早在《周礼 · 天官冢宰》中就记载了食医这一职位，食医也就是当时宫廷中的营养医官，主管王室的饮食。唐代孙思邈的《千金方》里还专设食治门，收载药食 154 种；明代李时珍所著的《本草纲目》中，载有食物药高达 300 余种。

直至元代，饮膳太医忽思慧撰写了一本《饮膳正要》，这是我国历史上第一部营养学专著。全书共分为三卷：卷一讲的是诸般禁忌，聚珍异馔；卷二讲的是诸般汤煎、食疗诸病及食物相反、食物中毒等；卷三讲的是米谷品、兽品、鱼品、果菜品和料物等。该书记载的膳食方、食疗方非常丰富，收集了元代及元以前的历史文献 40 余种，系统地介绍了 94 种聚珍异馔、69 种诸般汤煎、61 种食疗药膳以及各种食疗药物 200 余种，皆为仔细挑选的精品，并附有插图 190 余幅，是一部集元朝宫廷饮膳大成的著作。书中不仅反映了元朝宫廷饮食结构的变迁，还涉及植物、动物、营养食品加工等诸多学科门类，资料翔实丰富。

《饮膳正要》中不同类型的美容方

《饮膳正要》中记载了许多对人体有益的中药及食物。如黄精，“宽中益气，补五藏，调良肌肉，充实骨髓，坚强筋骨，延年不老，颜色鲜明，发白再黑，齿落更生”；藏红花，“味甘，平，无毒。主心忧郁积，气闷不散，久食令人心喜”。许多中药也自此从单纯的药用食品进入了美容养生食品的行列。

《饮膳正要》还记载了一些并非食膳的美容方法，如“凡夜卧，两手摩令热，摩面，不生疮点。一呵十搓，一搓十摩，久而行之，皱少颜多”。这讲的是一种利用经络按摩进行美容的方法。

《饮膳正要》中的美容养生思想

从《饮膳正要》记载的各种养生方剂中可以看出，其美容养生思想是要尊重自然、谨慎制膳，将人体的特性与食物的性味相协调，才能真正达到天人合一的境界，才能健康长寿。

《饮膳正要》继承发扬了元代以前的食疗学成就，广泛摄取各族人民饮食经验，反映了国内各民族医药文化的交流与融汇，是各地文化交流的产物。此书在后世流传甚广，影响深远，不仅让我们一窥古人的食膳美容方法，许多美容方至今仍被沿用。

第五节　古为今用

美是一个永恒不变的话题。美是有时代性的，每一个朝代的审美标准都有所不同。元代也不例外，而且非常关注身心的全面发展，不仅养生的内容极为丰富，对美容护肤也有自己的鲜明特点。

元代有一个美容三联方，备受关注，可达“去皴皱，悦皮肤”的目的，记载于许国桢编撰的《御药院方》中。《御药院方》里从洗手、吹面、刷牙、固齿到驻颜、润肤等，可以说是对身体的每一部分和关节都有了细致的滋养与护理。除此之外，还有一些关于肌肤病、黄褐斑，甚至皱纹等方面的记载。全书搜集了金元时期及以前的宫廷用方，里面包括180余种美容方剂，其中大多都是保健美容方剂。

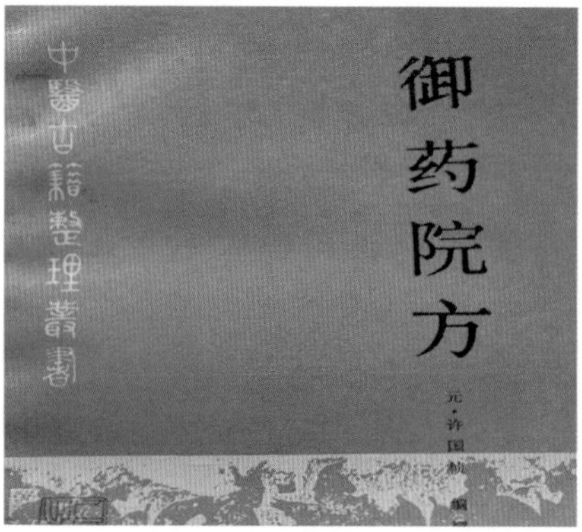

宫廷美容三联方是由楮实散、桃仁膏、玉屑膏三方构成。第一方用于洗脸，相当于洗面奶；第二方是洗脸后敷面，如同面膜的作用；第三方是最后步骤，涂于面部即可，相当于现在的护肤品。这三个方子长期按照顺序使用，有美容护肤、减缓衰老的作用。

三联方之一楮实散：将楮实、土瓜根、商陆三味药物取适量研磨成粉末，每天早晨取少量再和肥皂一起洗脸，具有滋润皮肤、清洁面部、抗皱防衰的美容功效，洗脸之后就要涂桃仁膏了。

三联方之二桃仁膏：将桃仁用开水浸泡后去除外皮，研成泥状，加入适量白蜜，调成稀膏状，使用的时候用温水化开，涂抹在脸上就可以了。该方具有活血化瘀、抗皱润肤的效果，能够促进新陈代谢，改善面部血液循环。等几分钟之后再涂抹玉屑膏。

三联方之三玉屑膏：将少许皂角用水煮后，剥去硬皮，采用里面的皂角肉，然后用温水泡软，磨制成泥状，调和轻粉、定粉、密陀僧粉成稀糊状，具有嫩肤抗皱的功效。

这个美容三联方和现代面部护理的程序基本一致，同如今的洗面奶、营养面膜、护肤液等系列美容护肤品的使用原理一样。元代的面部护理水平可谓是领先很多，但从全方的组成来看，尤其是第三方中药物成分比较复杂，轻粉、定粉等都是有毒之物。轻粉为水银、明矾，是一种汞化合物，长期使用有一定的副作用。不过定粉等能使皮肤变得紧致，减少皱纹的产生，达到美容的最终目的。

其实现在的护肤步骤也不过是这三步，只不过护肤品在原料制成上有很大的不同，现在的护肤品虽说功效上更进一步，但里面也含有较多的化学添加剂，在某种程度上来说也是含有副作用的，为此现在又出现了中草药护肤品。中草药护肤品可以说是安全可靠，不仅简单便利，还应用广泛，为人们带来了健康美、放心美。

第十章

明：形态之美

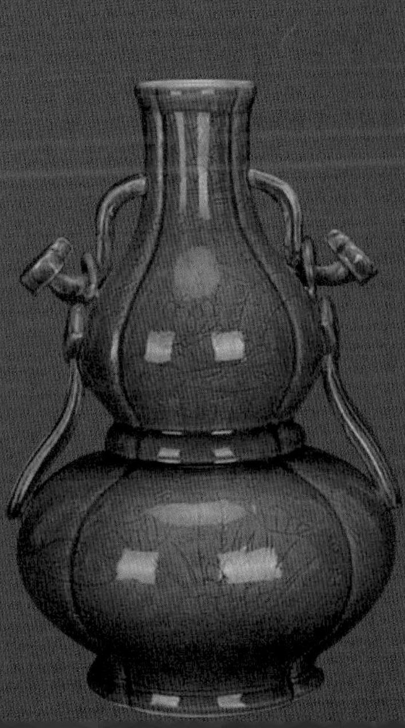

第一节 审美

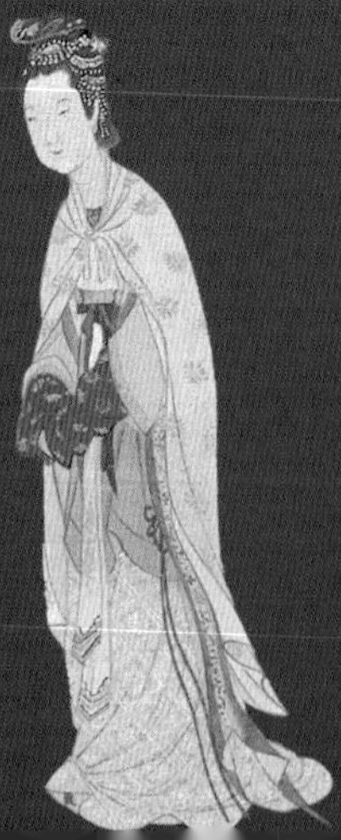

挽面整容：女子出嫁必开脸

随着人们对美的追求越来越高，以及美容医学技术的不断发展，由美而衍生出的美容美妆逐渐成为现代人所热议和追捧的话题，美容之上衍生出的整容现今也日益被大众认可和接受。

早在中国古代就出现了整容的说法。明朝就曾有女子整容开脸的记载，《二刻拍案惊奇》卷二五说："三日之前，蕊珠要整容开面，郑家老儿去唤整容匠。"但开脸与整容不论是在形式上还是在用途上都有着些许差异，在明朝整容开脸意味着什么？又为何会有整容的说法？

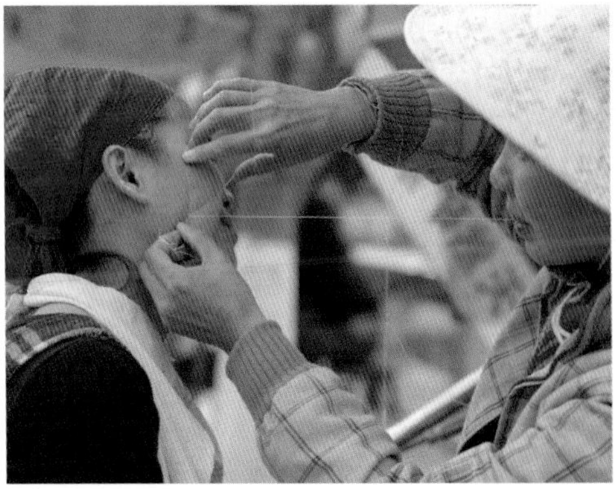

- 何谓"开脸"？

与现今整容不同的是，明朝时期的开脸更像是今天的一个美容项目脱毛。开脸，是指去除面部的汗毛，使得面部白净细腻、整洁光滑。没有先进技术支撑的明朝开脸，则是使用一根线，经过整容匠专业的手法在脸上轻轻擦过，去除掉细小的汗毛。当然，可能会承受一些疼痛，但面部几乎可以达到整洁光滑的程度，开脸在明朝算是一项比较先进的美容技术，这也表明明朝时期人们对于美的要求也在不断提高，对于美的追求也不仅仅停留在美妆，甚至衍生出了面部美容。

● 为何开脸?

古代女子出嫁时的相亲、择期、铺房等风俗保留至今,但开脸却很少再出现在现今的婚礼筹备当中。明朝的开脸在古代又意味着什么?婚俗中谈道:“婚前数日,准新娘要请福命妇人用红纱挽面将脸上细毛拔除,谓‘换新脸’,脱胎换骨成新人。”待字闺中的姑娘一般不修脸,当相亲合意,要出嫁的前夕,新娘才要洗发、梳妆,而且要修面。因此姑娘头一次挽面是在出嫁之前,也叫开面。开脸是古代女子出嫁时必须要做的事情,是女子成人礼的一个标志,意味着女子将进入人生的下一个阶段。

● 明朝开脸下的审美观

明朝审美以淡雅清素为主,喜爱轻薄的裸妆,而开脸为女性去除面部的汗毛,不仅使其皮肤白净整洁,而且使其所追求的裸妆能够更加完美地呈现。开脸相当于上妆之前的一步护肤,一方面起到清洁的作用,另一方面使妆容服帖自然。裸妆因其较少敷粉施红,对于皮肤要求较高,开脸所带给女子面部改善的效果让裸妆在当时成为可能,比起敷粉遮盖,对皮肤本身的改善反而使妆容多了一份自然,少了一份厚重。

古代女子开脸其实就是现今意义上的皮肤美容,潮汕地区仍保持着开脸的风俗。而明朝,人们在追求淡雅的审美情趣下,开脸无疑是女性的智慧结晶。

第二节 美妆

淡雅也张扬,古人没你想的“保守”

明朝在经历元朝混乱的战争之后，妆容显得更干净更通透，跟现今我们日常的妆容特别接近,类似于裸妆。

唐朝兴起的桃花妆、酒晕妆其实到了明朝才开始盛行，桃花妆和酒晕妆在明朝有着怎样的演变?在原先的基础上又有了哪些不同的变化?

● 淡妆、桃花妆、酒晕妆真正盛行

唐朝盛行的桃花妆、酒晕妆在明朝为何会备受喜爱?淡妆又为何会成为当时的主流?其原因可以从明熹宗张皇后与崇祯皇帝的小故事中看出：明熹宗张皇后从民间得知珍珠粉和玉簪粉,将其带回宫中,但崇祯皇帝不喜欢宫女施粉过重,每每看到宫女敷粉便会说：“活脱像庙中鬼脸。”由此明朝宫内开始流行淡妆。

● 你想象中的淡妆可能并不淡

虽然明朝妆容整体以淡妆为美，但是从明朝唐寅的《王蜀宫妓图》中可以看出其时女性妆容的留白,类似于现代妆容的高光，只不过比高光略微夸张。在明朝流行淡妆的情况下,妆容的留白会使整体效果呈现略显突兀,这也是明妆令人惊喜的存在,或许古人没你想象的那么保守。

从明朝著名文学家冯梦龙的小说人物中可以看出女性妆容的一个共性，那就是对

于桃花妆的执念，他笔下写过“春桃拂面”的小夫人，写过“脸衬桃花，比桃花不红不白”的蒋淑真，写过“面似桃花含露”的秋芳等。在描述女性妆容时冯梦龙几乎都用到了桃花，这也从侧面反映出当时大众对于桃花妆的喜爱程度。除了惊现的“高光”，明朝还存在着一些看似比较奇葩的妆容：人们会用花子甚至鱼来做遮瑕工具，很难想象这些在当时是如何呈现在面部的。

明朝的咬唇妆也是比较有代表性的一个妆容，也是较接近现代妆容的一个代表。古代女性一直追求樱桃小嘴，明朝版的咬唇妆在延续樱桃小嘴的基础上演变得更加自然，褪去了唐朝的富贵大气，增添了一份属于明朝独有的清新自然，明朝的咬唇妆属于内阔妆型，与现代妆容非常接近，唇内厚涂而唇外薄涂，唇妆的修饰使得唇形更加饱满小巧。不极致才最自然，这或许就是明朝整体妆容审美的较为切合的体现。

明朝柳叶眉的前世今生

说起中国女性，不论海内外，几乎都能说出“ 樱桃小口柳叶眉 ”这一容貌特征，柳叶眉几乎可以算是中国女性的标志性符号。

作为明朝时期的主流眉形之一，柳叶眉在不少明朝留下的名画墨迹及书中可以看到它的原型，也让后世对明朝女性的妆容特点有了进一步的了解。

- 柳叶眉之前世

柳叶眉，顾名思义，是指眉形细长似柳叶，中间略粗，两头偏尖。其实唐朝就已经开始流行柳叶眉，不过与明朝不同的是，唐朝的柳叶眉眉头浓重，眉尾纤细，白居易在《长恨歌》里形容杨贵妃“ 芙蓉如面柳如眉 ”，月牙般细长的柳眉能把人衬得温婉又不失大气，很符合盛唐雍容的审美。

- 柳叶眉之今生

柳叶眉虽然在唐朝就已存在，但真正盛行是在明朝。明朝的妆容大致偏淡，而柳叶眉细长的眉形特点搭配当时女性柔弱纤细的身形和樱桃小嘴，整体妆容上显得格外一致，柳叶眉将中国女性独有的细腻展现得淋漓尽致。

从明朝大量的历史文献中可以看出，柳叶眉在明朝女性中的普及以及喜爱程度。

仇英笔下的《仕女图》是现今我们去追寻当时审美的最好印证。在众多仕女图中都能直观地看到柳叶眉的存在，或直或弯，长袖衣衫下女子柔美的身姿让人不禁心生怜爱，在柳叶眉的映衬下女性显得格外优雅知性。

无论是仇英笔下的《仕女图》还是唐寅笔下的《仕女图》，其女性都是一致的柳叶眉，或直或弯，都体现着当时女性眉形一长一细的特点。

- 柳叶眉之未来

柳叶眉在明朝的盛行，潜移默化地影响了清朝美妆，《红楼梦》中的女性就频频出现柳叶眉，林黛玉“两弯似蹙非蹙罥烟眉”，王熙凤“一双丹凤三角眼，两弯柳叶吊梢眉”，可见柳叶眉在清朝也备受女性青睐。

明朝的柳叶眉搭配当时女性追崇的素雅妆容，将女性细腻温柔的一面显露于大的时代背景前，柳叶眉不仅反映了当时对于女性审美的认知，同时反映了社会对于女性的定位。现今，在国潮美妆的热度下，柳叶眉或许就是下一个掀起复古浪潮的弄潮儿。

第三节　人物

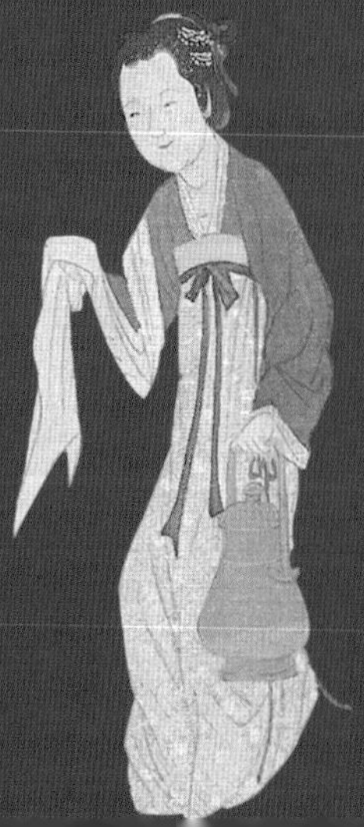

打响近代美妆的第一品牌——戴春林

明朝经济较为繁荣，对外交流频繁，一批专门生产胭脂水粉的香铺开始崛起，其制作的化妆品甚至由民间传入皇宫，大受宫廷的热捧。当时戴春林创办了戴春林香粉铺，成功开创了中国近代史上第一个闻名天下的美妆品牌——戴春林。

戴春林的脂粉在《红楼梦》中被多次提及，“ 平儿倒在掌上看时，果见这粉轻、白、红、香四样俱佳，拍在面上也容易匀净、润泽，不像别的粉那样涩滞 ”，还有北静王手腕上的十八粒如莲香珠、宝钗玉膊上的香串、袭人荷包里的两个梅花香饼儿等等。《风月梦》也有记载：“ 须上两个铺金叠翠五瓣玉兰花，擎着两个茄子式碧牙玺，坠脚二弦穿成真戴春林一百零八粒细雕团‘寿’字叭嘛萨尔香珠。”

戴春林以中医世家独创的焖缸三年地藏法、酒水浸炼木蒸提浓法和碓粉水洗沉淀法等工艺，将天然药草、天然植物和矿物进行提炼加工，开创了“ 千金五香 ”美妆工业的历史。

戴春林为崇祯皇帝的田贵妃定制了第一枚鸭蛋香粉，成为世界上第一块美容粉饼；为清朝的八旗子弟制作了第一枚香扳指。民国时期，戴春林分店仍以“ 千金五香 ”享誉扬城。《扬州画舫录》记载：“ 天下香料，莫如扬州，戴春林为上。”戴春林在扬州开创了中华大地上第一家生产香粉、香件的铺子。作为香粉第一家的戴春林，首创

“千金五香”的美妆文化。五香包括香件（香囊、香珠、香扳指等）、香粉（鸭蛋香粉、玉容妆粉等）、香油（首乌桂花头油，主要是护发类）、香黛（面部化妆用的眉黛膏、胭脂、口脂的统称）与香膏（护肤用的面脂，如杏仁蜜、沁凝露、芙蓉霜、桃花玉面霜等）。千金，即指千金小姐，另寓意“千两黄金才能买到五香”，足以显示当年戴春林妆品的名贵，故有云：“美人一身香，穷汉半月粮。”

作为老字号的国货美妆，戴春林采用纯天然的原料，没有化学添加成分，健康环保，很适合东方人用来护肤养颜。但也曾因时代发展、经营不善等问题濒临倒闭。近些年随着国货复兴，承载百年历史的老国货品牌戴春林又把古典之美推向前端。它的包装蕴含着浓浓的国风，充满着怀旧风格，独具特色，在传承美妆文化的同时，又能顺应当代社会的发展。

在乾隆年间，戴春林被钦定为贡品，它的香件、香粉，有“宫粉”“贡粉”“扬州香粉”之美称，是当之无愧的“国妆鼻祖”。

“冲冠一怒为红颜”——陈圆圆

明朝越发注重女性的整体形态美，从发际、腰身、足到全身，更有细分到眉、目、唇、手四个部位。所以，明朝社会风气越来越奢靡，与此相对的是其越来越衰落的朝局。到了晚明时期，追美逐艳之风盛行，才有了“秦淮八艳”的传奇。“冲冠一怒为红颜”这个故事说的正是“秦淮八艳”之一的陈圆圆，陈圆圆是明末清初时苏州有名的歌姬，18 岁时就红遍了大江南北，被冠以“天下第一名妓”的称号。她精通诗歌、绘画、戏剧和歌舞，在激烈的苏州梨园戏班唱出了自己的一片天地。

明末诗人陆次云是这样形容陈圆圆的美的，他说：“声甲天下之声，色甲天下之色。”冒辟疆则写道：“妇人以资质为主，色次之，碌碌双鬟，难其选也。蕙心纨质，淡秀天然，平生所见，则独有圆圆尔。”他观看陈圆圆唱戏时的动人之姿赞许说：“以燕俗之剧，咿呀啁哳之调，乃出之陈姬身口，如云出岫，如珠在盘，令人欲仙欲死。”

吴三桂遇见陈圆圆后，一见倾心，将其接到府中。但是好景不长，农民起义军李自成势力日渐增大，攻入北京，将陈圆圆掌控在手。吴三桂大怒并言：“大丈夫不能保一女子，何面目见人耶！不灭李贼，不杀刘宗敏，我誓不为人！”为此，吴三桂背叛明王朝引清军入关，攻打李自成。

《圆圆曲》中清初诗人吴伟业是这样描写的：“鼎湖当日弃人间，破敌收京下玉关。恸哭六军俱缟素，冲冠一怒为红颜。红颜流落非吾恋，逆贼天亡自荒宴。电扫黄巾定黑山，哭罢君亲再相见。”自此陈圆圆背上了红颜祸水的骂名，后人总喜欢将王朝覆灭与美人扯上关系，殊不知，一个女人怎么可能因为美而让男人忘记政治抱负，所有的暗流汹涌都隐藏在这看似美丽的爱情当中。

美而自知又有能力保护自己是幸运的，可怕的是怀璧其罪。古时的美人就像浮萍一样，只能依靠别人，将自己的命运系在男人身上。后来陈圆圆色衰，日渐失宠，遂辞宫入道，“布衣蔬食，礼佛以毕此生”。一代红颜从此繁华落尽，归于寂寞。

第四节　典故

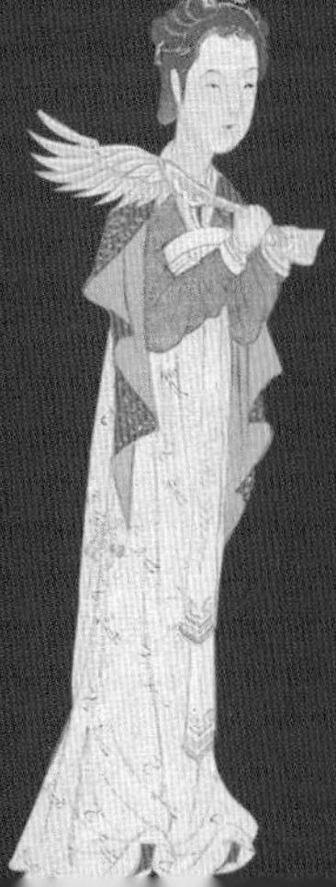

《金瓶梅》里隐藏的美妆教程

《金瓶梅》是一部以欲望、人性和死亡为主题的小说，它通过对西门庆及家庭关系的描写，揭露社会的黑暗。这部小说对后世文学影响颇大，已经得到艺术上的肯定，其中色情描写流传甚广，也不乏一些护肤养颜的方法。

《金瓶梅》第二十九回中提到"将茉莉花蕊儿搅酥油、定粉"，是粉与油混合的常用调粉方法。这样混合使用之后，脸部会更加光泽、滋润。

明朝的妆粉冶炼工艺相对发达，化妆品大多都取材天然。明朝的粉主要分为两种，一种是珍珠粉，另外一种是玉簪粉。然而，明朝的珍珠粉并不是真正的珍珠所制，而是一种名为"紫茉莉"的植物提炼而成的。紫茉莉因为会结出地雷一样的黑色果实，所以也有人称其为"地雷花"，黑色果实里面包裹的白色物质就是用来制作妆粉的原料。

玉簪粉则是用一种名为"玉簪花"的花仁和胡粉结合而成的。这两种粉在用法上也颇为讲究。珍珠粉虽然粉质较好，但相对容易干，因此在秋冬季节选择玉簪粉，滋养效果更好。秋冬季节一过，玉簪粉的香味便不能长久地保存，又换回珍珠粉。

明朝人们将鲜花开发成固体皂的发香剂，既能清洁美容又能让脸变得香香的，是一举多得的方法。

《金瓶梅》第二十七回中，西门庆对孟玉楼说："我等着丫头取那茉莉花肥皂来我洗脸。""茉莉花肥皂"就是用捣烂的茉莉花或茉莉花露调配而成的香皂，是当时的高档香皂。西门庆的情人们也十分懂得享受，其中最常提到的就是饮用玫瑰卤，在茶碗内加入茶叶、瓜子、核桃，再舀上一勺"玫瑰泼卤"，加入热水冲调。潘金莲、李瓶儿、庞春梅等经常饮用的玫瑰卤，就是用玫瑰花制作的稀酱或原浆，是一种珍贵的调料，不仅口感极佳，还具备养颜的功效。

《金瓶梅》中暗含了许多护肤养颜的方法，对现代也有一定的借鉴意义。

现代美容养颜的化妆品数不胜数，其有些配方甚至还是根据古方传承下来的，要知道古人尽管没有高档化妆品，也是风华绝代，明艳动人。《本草纲目》中就收录了多种美容药物、美容方剂，是一部具有世界性影响的博物学著作。

该书由明代医学家李时珍编写而成，其中包含诸多本草护肤的药理，将具有美容作用的植物药、动物药及矿物药尽收在内。可以说《本草纲目》是一本极佳的护肤宝典。美容养生本来就是一个共同体，二者只有共同发展，才能达到由内而外的调理。

“猪脂膏，马脂膏，驴脂膏，犬胰并脂，羊脂、脑，牛脂、脑及髓，熊胆，鹿脂、脑，麋髓、脑，并入面脂。”将这些药物作为面脂的基质，具有明显的美容效果。不过面脂质量的好坏，与炼脂关联很大。拿猪脂举例，李时珍认为：“凡凝者为肪为脂，释者为膏油，腊月炼净收用。”即炼脂最好在腊月，挑选色泽白腻的猪脂，用水浸漂一周，每天换水，时间到后取出沥干，切成小块放入锅中熬炼，将猪脂中的油熬出，去渣、冷却，放入水中备用。这个方法适合用动物脂来熬制面脂。

《本草纲目》中有大量关于中草药的养颜秘方，比如《本草纲目》中提到的卷心菜、花菜、花生等都可以起到美白的功效。后经证实，确有效果。即使在医学高度发达的当代，此书依旧是值得肯定的，它的学术价值是永恒的。

穿越明朝故宫四季，挥散不掉的却是《四季仕女图》

每个时代的审美观念都不同，有着各自时代的风尚特征。明朝追求的是素淡简约，女子妆容也是呈现出秀丽端庄的“花容月面添风韵”。这一审美趋向最符合当时妆容的审美标准。

我们对古代妆容打扮更直接的了解，就是来源于画作。明朝是中国历史上仕女图创作的鼎盛时期，仇英开创了仕女图工笔画的先河，被誉为工笔画的鼻祖，其画法以唐宋为宗，画作有令人心旷神怡之态。明朝对女性才学尤其重视，文化活动成为她们生活的重要内容，女子们闲来无事就会在园中习字作画、弹琴下棋、雅集结社、诗文唱和等。

仇英创作的《四季仕女图》是应项元淇之约而作，描绘了一群女子在春、夏、秋、冬四个场景中的日常活动，画面精致，画风精美。画中季节性景物特征变化明显，春天是桃枝秋千，夏日是荷池采莲，秋后是红叶煮酒，冬季是梅花蹴鞠。

明代姜绍书在《无声诗史》中称：“英之画秀雅纤丽，毫素之工，侔于叶玉”，人物画“发翠毫金，丝丹缕素，精丽艳逸，无惭古人”，仕女画“神采生动，虽昉复起，未能过也”。画史评价仇英为追求艺术境界的仙人。

第五节　古为今用

最接近现代日常的妆容——明朝裸妆

朱元璋建立明朝以来，推行唐宋旧制，消除过去北方少数民族带来的各种影响，着力恢复中原文化，因此当时的审美深受儒家思想的影响，素颜妆容占主导地位，与宋代极为接近。在这样的整体氛围下，女性妆容自然秀美、清丽，看似无妆胜有其妆。

- 粉黛轻施总有无穷的神韵

唇妆。比较自然，主要集中在整个唇部的内侧，如同现在的咬唇妆。

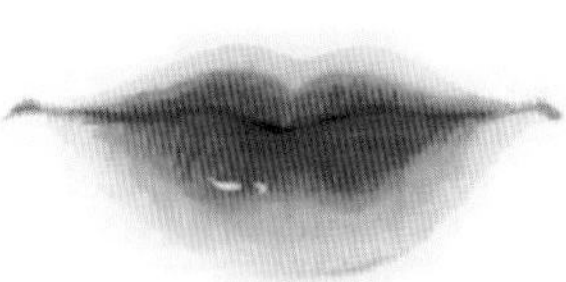

眉妆。画眉的用具主要是黛石，也用书写的油烟墨画眉，在后期还制作出专门的画眉墨。明朝刘侗《帝京景物略》中记载："西堂村而北，曰画眉山。产石墨色，浮质而腻理，入金宫为眉石，亦曰黛石也"，描绘的就是制作画眉的石料。明朝女子一般用线绞、刀削等方法修眉，因其时崇尚秀美，修剪的眉形大都纤细修长，和现在的眉形相差不大。例如《红楼梦》中王熙凤的眉毛，就是当时最受欢迎的眉形，"一双丹凤三角眼，两弯柳叶吊梢眉"。

面妆。在额头、鼻子和下颚三个部位晕染上白粉，就是把隋唐的额间翠钿、眉梢斜红、唇边笑靥变成白色，因此也称为“三白妆”。汲取了宋元妆的色彩风格，和现在的高光效果很像，都是为了突出色差，让脸颊色彩偏亮，使得面部更加立体。

- 精致到指甲妆的明朝妆容

明朝，女子的妆粉开始有春、夏、秋、冬之分。妆容整体上强调的就是面如凝脂，眼如点漆，眉黛烟青，精致到每一个细节，崇尚清淡、雅致、低调奢华有内涵。明代的女性喜欢涂指甲，倾向于红色，常用的素材就是凤仙花，还有金凤花，也被叫作“指甲桃”。平时会佩戴香囊，通常都是用兰草填充，在夏季的时候将兰草叶子采摘下来，用酒浸泡后晒干，再添加些舶来香料，塞进香囊中就制作而成了。这在当时属于奢侈品，不是普通人所能拥有的。

当时还出现了一门新兴职业，类似于现在的造型师，主要负责妆容、发饰、服饰的搭配，叫“插黛婆”。她们经常跟在雇主身边，簪子歪了及时整理，出汗了须及时补妆，可以说贵妇们一丝不苟的形象都是出自她们之手。

- 最接近现代妆容的明朝妆容

明朝妆容是最接近现代的，也是最符合现在审美的，没有什么奇葩的打扮，整体趋于简约清淡，明朝女子没有浓郁的粗眉，纤纤细眉便可传情，樱桃小口莞尔一笑，便可倾倒众生，简单的粉妆便可毫不费力地惊艳全场。明朝女子的配饰与妆容相得益彰，如步摇、朱钗、发簪，以此凸显女子的温婉柔美。

明朝的淡雅简约与当下流行的裸妆异曲同工，毕竟自然美是多数人所推崇的，而在精致简约的背后，并不是美妆文化的退步，而是体现出女性对妆容的追求境界，以及化妆品性能的改善与提升。

第十一章

清：艳丽雍容

第一节 审美

“清”妆盛行

顺治帝入关以后，定都北京，首推汉人剃发易服，满汉习俗发生了碰撞。这种文化的冲突也给当时的妆容服饰带去了异族魅力。

清朝女子在妆容上基本沿袭了明朝的风格，简约质朴。红妆依然受当时女性喜爱，红妆多为薄施朱粉，清淡雅致，与宋明两朝相类似。

整体的社会风气还是崇尚儒家思想，男权为尊，也因此缠足在明清时期达到了鼎盛。清朝的贵族女子多为满族，发饰装扮上与汉族民间女子显有差异。

红妆粉面

《红楼梦》里描写王熙凤时称：一双丹凤三角眼，两弯柳叶吊梢眉；身量苗条，体格风骚，粉面含春威不露，丹唇未启笑先闻。

清王露湑在《崇祯宫词》中这样咏道：“淡作桃花浓酒晕，分明脂粉画全身。”这里说的酒晕妆便是指浓艳的红妆。而且诗中指出，涂抹脂粉已经不仅仅局限于面部，而是涂满全身。实际上，在清朝涂满全身的远不止这些脂粉，还有各式各样的凝露。

与历代不同的是，清朝的贵族开始使用舶来品。《红楼梦》第三十四回写道：“袭人一看时，只见两个玻璃小瓶却有三寸大小，上面螺丝银盖，鹅黄笺上写着‘木樨清露’，那一个写着‘玫瑰清露’。”清朝的各种清露是自后宫妃子到平民女子的钟爱之物。清露既是气味芳香的液体饮料，又是美容养颜的一种剂型——药露。《本草纲目拾遗·水部》中载录了22种药露，包括金银露、薄荷露、玫瑰露、桂花露与佛手露等。它们是经过加热蒸馏后所制成的液体，因无色有香而得名。清朝的舶来品也远不止这些，还有葡萄红露酒、白葡萄酒及西洋小剪子、洋布手巾等。

晚清时期，贵族圈还流行起一种以煤灰涂面的奇异妆容，名为“乞丐妆”。晚清的乞丐妆要跟明朝的黑妆联系起来才解释得清楚。明代曾有一些人将木炭研成灰末涂染额头，据传这是由黛眉妆演变而来的。

曲眉细眼

值得一提的是，清朝曾有一段时间盛行曲眉。这在很多反映清朝女子的画像中清晰可见。曲眉与柳叶眉稍有不同，与元朝的一字眉又有着明显区别，在当今社会已经属于一种比较少见的眉形。实际上，晚唐时期也有曲眉盛行。

曲眉，两端朝下弯曲，中间粗两端细，也称作“垂眉”。《西京杂记》中记载：“卓文君的眉淡而曲，望之如远山，号‘远山眉’。”如此看来，清朝的曲眉与远山眉又有几分相像。

在清朝的画像中可探究整个清朝的眉形，曲眉的发展仅在一段时间且在小范围内有所发展。以曲眉示人大多展现了清朝女子低眉顺眼、楚楚可人的娇羞样子，这实际上是清朝专制加强、女性地位低下等现实造成的。

花瓣唇妆

清朝李渔在《闲情偶记》中曾形象地描述当时女性的点唇方法：“点唇之法，又与匀面相反，一点即成，始类樱桃之体；若陆续增添，二三其手，即有长短宽窄之痕，是为成串樱桃，非一粒也。”

清代的唇妆主要分为两种。一种是上唇涂满口红，而下唇只在中间点上一点，这种是宫廷较为流行的一种唇妆画法。另外一种是直接在上下嘴唇的中间位置，画一个形似花瓣的图案。

晚清时期，受到外来文化的影响，女子在唇妆上逐渐趋同。将上下嘴唇都会涂满，这与当下日常的唇妆画法并无区别。

深居后宫的女子每天会花费大量的时间用温水洗脸、敷面。敷面这道工序与今天的敷面膜有些相似。除此之外，她们还用扬州产的宫粉、苏州制的胭脂和宫廷自配的玫瑰露护肤美颜。谢馥春便诞生于此时。

清代后宫女子对于美的痴迷追求甚至已经上升到牙齿，不仅吃一些中药保护牙齿，还用一些初具规模的药具做保障。在那个笑不露齿的年代，对牙齿有这样的要求，她们对美的至高追求可见一斑。

在发式方面，入关前，满族女子大多是辫发盘髻，其中未婚女子为双髻，已婚女子则为单髻。入关后，满汉融合，汉族与满族的发型互相学习模仿，也大为丰富了清朝女子的发式，有“软翅头”“两把头”“一字头”“架子头”“大拉翅”“燕尾”“高粱头”等等。满族女子的发式与汉族女子的发式相比，通常更显夸张，正是其夺目的所在，形成了我们所熟悉的满族妇女独特的发式——“旗头”。

清朝是离我们最近的一个封建王朝，所以备受关注，至今都有无数人对清朝的宫廷制度、习俗、服饰等充满了好奇。伴随着清王朝的盛极而衰，清朝女性的服饰、妆容、发式都发生了巨大变化，既保留了汉族的特色，同时又丰富了满族的文化内涵，给后世留下了诸多值得研究的史料。

第二节　美妆

还原史上真实的"咬唇妆"

2018年暑期的《延禧攻略》受到很多人的关注，冷色调的唯美画面，富有雅致的质感，具有浓厚的宫廷韵味。除了剧情吸引人外，剧中的唇妆也备受瞩目。与现在审美相比，反差可谓极大，毕竟以现代的目光来衡量历史的时尚可能失之偏颇，但不可否认，剧中的确是精准还原了古代的唇妆。

其实在清末和民国以前，咬唇妆在女性中流行了很长时间，但是各个朝代有各自的审美取向，咬唇妆在样式上存在很大的差异，和现在的咬唇妆更是大相径庭。清朝唇妆有明显的变化，以艳红为主，涂抹的部分非常小，上唇不涂，下唇只涂中间的一点点，是专属于清朝的咬唇妆，可以让唇部看上去更加立体，打造成樱桃小嘴的效果，因为古代小巧秀气的双唇才符合人们对秀美的追求。

咬唇妆都是淡淡的红润色彩，既有典雅的气息又有一种少女感，这种画法在清朝仕女图上就可以看到。

唇妆配以纤细的柳叶眉，突出眼妆的灵动，眼尾处稍微拉长，如同出水芙蓉般淡雅，又不失自身大气温婉的气质，与高贵华丽的服饰搭配起来更显精美不俗，符合当时清秀素雅的审美标准，也蕴含着独出心裁的东方之美。

这种咬唇妆类似于绛唇妆，绛唇妆是清朝非常流行的唇妆，上嘴唇不涂，只涂下嘴唇，甚至到了道光年间，下嘴唇也不涂满，只涂中间一点点。也有人说咬唇妆就是绛唇妆，从严格意义上来说，二者之间还是有很大区分的。

清朝女子唇妆极富特色，还有一种就是花瓣唇妆，也叫梅花唇妆，就是在上下嘴唇的中间位置，画一个形似花瓣的图案，有三瓣的也有五瓣的。发展到清朝晚期，上下唇都会涂满，和现在的唇妆相差不太大。而咬唇妆在近几年也是时尚唇妆，可以说是很复古的唇妆了，只不过妆感具备了当今时代的特有印记。

第三节　人物

没有一个历史人物能像慈禧这样，作为一个女性在男权社会里执政掌权，与腐朽的王朝一同走过了痛苦的时代，人们对她的好奇心从未消减，历经百年，热度都居高不下。她的一生一直为人们津津乐道，她的奢侈生活和美貌也一直被人们竞相讨论。

慈禧不仅野心勃勃，还十分注重养生。为了养生，她规定御药房每天敬献一服平安养生药，依季节、时令、节气、气候不同来酌情开具；为了减少脸上的皱纹，她吩咐受过专门训练的侍女，每天用玉石为她按摩皮肤。

慈禧曾对身边人自豪地说："入宫后，宫人以我为美，咸妒我，但皆为我所制。"彰显了十足的自信霸气。美国女画家卡尔于1904年8月进入清廷为慈禧画像，与慈禧朝夕相处了9个月，后来她将自己的亲见亲历记录于《慈禧写照记》中。"慈禧太后身体各部位极为相称，美丽的面容，与其柔嫩修美的手、苗条的身材和乌黑光亮的头发，和谐地组合在一起，相得益彰。太后广额丰颐，明眸隆准，眉目如画，口唇宽度恰与鼻宽相称。虽然其下颌极为广阔，但丝毫不显顽强的态势。耳轮平整，牙齿洁白得如同编贝。嫣然一笑，姿态横生，令人自然欣悦。我怎么也不敢相信她已享六十九岁的大寿，平心揣测，当为一位四十岁的美丽中年妇女而已。”

慈禧每次洗完澡后都要抹花露，也就是我们现代人的身体乳，用量极大。并且要使用上好的丝绵饱蘸花露来轻轻拍打，以使均匀。

人们对慈禧的评价褒贬不一，但她对于美的追求有自己的理念，在养生护肤方面有自己的一番实践和见解。

第四节　典故

中国四大名著中，其中以女子为主角的仅《红楼梦》一部。小说以贾、史、王、薛四大家族的兴衰为背景，以富贵公子贾宝玉为视角，描绘了一批举止见识出于须眉之上的闺阁佳人的人生百态，展现了真正的人性美和悲剧美，可以说是一部从各个角度展现女性美的史诗。

《红楼梦》创作于 18 世纪中国封建社会末期，当时的清政府实行闭关锁国政策，举国上下沉醉在康乾盛世、天朝上国的迷梦中。从表面看来，好像太平无事，但骨子里各种社会矛盾正在加剧发展，整个王朝已到了盛极而衰的转折点。而书中每一个人物的命运也都逃离不开时代的背景，处处显露出盛与衰的碰撞与冲突。

从林黛玉看当时的审美

清朝时期以含蓄内敛为美，《红楼梦》里的林黛玉就是此类妆容的典型人物。原著里是这样描写的："两弯似蹙非蹙罥烟眉，一双似喜非喜含情目。态生两靥之愁，娇袭一身之病。泪光点点，娇喘微微。闲静时如姣花照水，行动处似弱柳扶风。心较比干多一窍，病如西子胜三分。"满身的病态娇弱，却是当时公认的美人。因此可以看出，清朝女子的妆容总体上比较素雅、简约，眉毛纤细高挑，眼妆清淡柔和，胭脂多用粉色系，唇妆追求小而薄，因为这样看起来更柔弱。

再看对薛宝钗的妆容描写："头上挽着漆黑油光的鬡儿，蜜合色棉袄，玫瑰紫二色金银鼠比肩褂，葱黄绫棉裙，一色半新不旧，看去不觉奢华。唇不点而红，眉不画而翠，脸若银盆，眼如水杏。”尽管薛宝钗在书中的地位不低，然而依旧直白地说了“看去不觉奢华”，可见清代对于女子的审美确实是以清婉低调为主。

满纸荒唐言，一把辛酸泪

化妆自古以来并非女子独有之事，从曹雪芹对贾宝玉的外貌描写中更是证实了这一点。只见这位年轻的公子，“头上戴着束发嵌宝紫金冠，齐眉勒着二龙抢珠金抹额；穿一件二色金百蝶穿花大红箭袖，束着五彩丝攒花结长穗宫绦，外罩石青起花八团倭缎排穗褂；蹬着青缎粉底小朝靴。面若中秋之月，色如春晓之花，鬓若刀裁，眉如墨画，面如桃瓣，目若秋波。虽怒时而似笑，即瞋视而有情……越显得面如敷粉，唇若施脂；转盼多情，语言常笑。天然一段风骚，全在眉梢；平生万种情思，悉堆眼角。看其外貌，最是极好，却难知其底细。”不论是妆发还是服饰，贾宝玉在贾府尚未倾倒时可以说是极尽奢华，然而当失去了强大的后盾，经历了巨大的人生打击之后，他脱去华服，穿上素衣，理去三千烦恼丝。

从极尽奢侈繁华到树倒猢狲散，《红楼梦》将世间的盛与衰展现得淋漓尽致，可真是满纸荒唐言，一把辛酸泪。

作为鬼怪小说，《聊斋志异》已深为人们所熟知。其中，尤以《倩女幽魂》《画壁》为代表，讲述了人鬼爱情冲破阴阳之隔、打破封建教化的奇异故事。这也是《聊斋志异》流传久远的原因之一。《聊斋志异》，简称《聊斋》，俗名《鬼狐传》，是清朝小说家蒲松龄创作的文言短篇小说集。

在中国的传说中，有两种经典的鬼怪妖神，一种是丑陋不堪、凶神恶煞的；一种是《聊斋志异》里的，在蒲松龄笔下，妖怪鬼神不论立场，大多是美貌如花，勾人心魄。

尽管蒲松龄写的是鬼神妖怪，然而相信生活在清代的蒲松龄在描写人物形象时一定受到了当时女性妆容审美的影响。虽说小说中对于女性妆容的直接描述较少，但是仍可通过字里行间略窥当时对女性妆容的审美。

《画壁》中写出了当时少女与妇女在妆容上的区别。只见书中写道："那人对少女开玩笑说：'腹内的小儿已多大了，你还想垂发学黄花闺女吗？'一群姐妹纷纷都拿来头簪耳环，催促她改梳成少妇发型。少女羞得说不出话来。一个女伴笑着打趣说：'姊妹们，我们不要在这里久待，恐怕人家不高兴。'众女伴笑着离去。朱举人看了看少女，像云一样形状的发髻高耸着，束发髻的凤钗低垂着，比垂发时更加惊艳。"

《娇娜》中写道“这女子画眉弯如蚕蛾的触须”,《陆判》中写道“见她秀眉弯弯,腮两边一对酒窝,真像是画上的美人”。可见清代的人们对于眉毛的要求一定是弯弯的,曾经大火的韩式平眉放到清代恐怕是要被人嘲笑的。另外在他的描述中,女性多为“红颜”,在描写女性手足时用“如笋白”的字样,尽管不知道妖怪是否涂抹胭脂,但也可以看出,在清代女子面容以白里透红为美,身材多为单薄、清瘦。

除了发簪、步摇这类常见的头饰，在古代还有一种发饰叫作头巾，又称抹额。起初，头巾是古代劳动人民在地里进行农作的时候为了避免光照而发明的一种简单朴实的小发饰。发展到明清时，便成为给读书人戴的儒巾。《古今小说 · 陈御史巧勘金钗钿》中记：“鲁公子回到家里，将衣服鞋袜装扮起来。只有头巾分寸不对，不曾借得。”清李渔《奈何天 · 虑婚》中说：“就是一顶秀才头巾，也像平天冠一般，再也承受不起。”后来流传至今，成为一种使用方便、价格实惠的饰品。

我们从一些遗留画作中可以找到头巾作为头饰的踪迹。在清朝题材戏曲和影视剧中都也多次出现。比较典型的是在电视剧《红楼梦》中，宁荣二府的老夫人和少奶奶们

都配有各种不同材质的抹额，印象最深的应该是宝玉的一个颇为华贵的“二龙抢珠金抹额”。另外在戏曲中也时常见到这种装束。

在现代，头巾经常出现在嘻哈人群的头上。嘻哈文化爱好者在街头说唱、跳舞，渐渐地嘻哈元素就融入了绑头巾文化，不知不觉地头巾就成为时尚弄潮儿造型的一种了。

第五节　古为今用

清朝两餐制打造你的“小蛮腰”

明清时期，以瘦为美这一审美观念发展到极致。

清朝不仅裹小脚追求小巧玲珑的美感，而且对女性的审美趋于外在的精致和个性，故有“美人上马马不知”之说。造成这一现象的原因不只是那个时代的审美，也和当时人们的饮食习惯两餐制有关。

其实在北宋年间就实行了一日两餐的制度，后来清朝入关的时候，就适应了这一习惯。当时民间食物供给不齐全，宫中的粮食也较为短缺，所以他们更要减少吃饭的次数，以至于清朝一直是一日两餐的状态。因此不仅女性瘦弱，男性也是瘦者偏多。

还有一个原因就是，统治者为了巩固皇权，一日只吃两顿饭，让百姓知道皇帝和嫔妃们都是崇尚勤俭的，显示出皇帝明君的形象。后期清代餐制会根据人物、地点、时间选择，有一餐制、两餐制、三餐制等。皇宫之中及北方地区主要是两餐制。尽管后来经济繁荣了，但此习惯也延续下来了。这两顿饭都是正餐，分别称为早餐和晚餐，这也就是朱熹《集注》中所说的“朝曰饔，夕曰飧”。早餐通常是在九点之前，晚餐在下午四点之前，中间隔了很长时间。

然而，了解过减肥原理的人都知道，只靠节食必然会造成营养下降，从而导致四肢无力，皮肤暗淡无光。如果这样皇宫里的男子如何勤政？女子又如何保持容颜？我们看宫廷影视剧的时候，皇帝和妃子们也会吃一些点心或喝点粥，宫廷里还制作了各种各样的果脯蜜饯，以供皇帝妃嫔们当作零食食用。虽算不上正餐，但也不至于饿着，这些零食会随时安排着，所以一天两顿就足够了。

当我们抽丝剥茧看到真正的两餐制就会发现，宫廷中真正的“减肥餐”绝不是简单的节食，而是正餐时只吃七八分饱，在正餐之余要补充营养丰富的养颜佳品，一来可以保证不多吃，二来又可内服养颜，或许这才是真正的古人减肥法。

第十二章

民国：气质秀丽

第一节　审美

凤眼细眉之间留存的民国风韵

翻开尘封的画卷，回味民国女性眉眼间留存的独特风韵，感受黑白照片下蕴含的风情万种，她们的妩媚惊艳，从骨子里便透露出若隐若现的魅力。

千年帝制的结束，自由奔放时代的开启，西方潮流的涌进，女性地位的提高，使得这一时期发生了翻天覆地的变化。随着东西方文化的不断交融，女性的妆容、化妆品、服饰等均受到西方文化的深远影响。民国时期对女性的解放也造就了那个时代的新女性，她们既受到西方文化潜在的熏陶，又保留着固有的民族特色，是东西方文化交融的时代现象。

民国女性妆容偏向于淡雅保守，眉清目秀的柳叶眉最受欢迎，有关当时的电影中经常可以看见柳叶吊梢眉。东方人的五官比较柔和，如弯月的柳眉，无疑更能增添东方女性的魅力。

弯弯的柳眉讲求细和弯，这样的弧度可以凸显女性的柔美感。分为细弯眉和细挑眉，细弯眉比较温婉雅致，细挑眉显得生气活泼。使用最接近于发色的棕褐色眉粉来画眉毛，会使人精神百倍。不过这是时尚名流的追求，普通女性还是喜欢自然眉形那淡雅清新的感觉。

在眼妆方面，已经引进了眼影和睫毛膏。普通女子对眼妆没有太大的需求，名媛、明星使用比较普遍，并且模仿好莱坞的流行妆容，开始追求卷翘的睫毛，以深色眼影来勾勒出幽深的眼廓，凸显了脸部的立体感。眼影以棕黑色为主，受我国传统思想影响，讲究整齐一致，所以眉毛和眼妆一般都与发色相匹配，其时还不流行染发，但是波浪卷却很常见。

虽说民国时期眼妆、眉妆各具特色，但没有实质性的突破。而唇妆取得了实质性的飞跃：一双娇艳大红唇，呈现唇色欲动之态。讲究先勾勒出唇线，涂口红的时候会将嘴唇涂饱满，是赤裸裸的红唇诱惑。有别于古时的樱桃小嘴，性感厚唇也得到认可，比如胡蝶。当时女性对口红是由衷的热爱，尤其进口品牌口红，被视为奢侈品。

张爱玲在散文《童言无忌》中写道："生平第一次赚钱，是在中学时代，画了一张漫画投到英文《大美晚报》上，报馆里给了我五块钱，我立刻去买了一支小号的丹祺唇膏。"丹祺唇膏是当时时髦女性最想拥有的，也是美妆单上的必备品，而且丹祺的口红海报上写着"全世界最有名的口红"。它在《申报》上面做的广告也非常清楚地阐明了自己的特点："内含神秘变色膏，增加自然美，丹祺在未用前，其色似橘，一经着唇，立变玫瑰色，鲜艳自然，终日不褪，中有香霜，使唇柔润。"

这样的宣传语引领着女性的审美观，而且液体口红在当时属于新鲜事物，再加上受名人效应的影响，几乎每个时髦女性手中都必有一支口红，口红已成为妆容中不可缺少的一部分。

第二节　美妆

“美妆博主”张爱玲笔下的日用化妆品

“你可以不施粉黛，可以素面朝天，但至少要涂口红，只要涂了口红，就能让整个人光鲜起来。”这句话出自张爱玲之口。众所周知，她是中国现代文学史上一位独具魅力的作家，7 岁开始写小说，12 岁开始在校刊和其他杂志上发表作品，是一位才华横溢的女子。

其实她也是一位“美妆博主”，张爱玲爱美，是爱到极致、爱到别出心裁的那种情怀，“八岁我要梳爱司头，十岁我要穿高跟鞋，十六岁我可以吃粽子汤团，吃一切难于消化的东西”，张爱玲从小到大都是一位时髦的上海名媛。

大家对她的第一印象就是涂着大红色唇膏，穿着花面旗袍，梳着爱司头，永远昂着高傲的头。爱司头就是把头发烫成一绺绺的小卷，这个发型在当时风靡一时。她的化妆盒里，口红、散粉、唇线笔、眼胶、洁面、香水、乳液一应俱全，她喜欢用丝塔芙的洁面乳，喜欢用迪奥的口红、香奈儿 N° 5 香水，最喜爱的牌子就是 Arden SPA，也就是伊丽莎白 · 雅顿的产品。

张爱玲对口红尤为着迷，在中学时代就已经用稿费购买丹祺唇膏了，后来在国语版《海上花列传》中，她还将第九章命名为"小号的丹祺唇膏"。在张爱玲的遗物中，有三样东西最吸引人：手稿、假发和唇膏。她还用过雅顿和蜜丝佛陀品牌的口红，那时的口红都以浓艳的正红和桃红为主，桃红就是她喜欢的颜色，她曾说"桃红的颜色闻得见香气"。她的作品中不止一次地提到口红，在《留情》里写过："她的高价的嘴唇膏是保证不落色的，一定是杨家的茶杯洗得不干净，也不知是谁喝过的。"电影《色戒》里的王佳芝，也是由于杯沿上的口红印而暴露了身份。因为上流社会的女士不会把口红印留在杯口，高级的口红也是不会脱色的。《沉香屑 · 第一炉香》里葛薇龙那个吃人不吐骨头的姑妈一出场便是："嘴唇上一抹紫黑色的胭脂，是这一季巴黎新拟的'桑子红'。"她经常用口红来展现女性角色的背景、身份和性格。

张爱玲对指甲油也是由衷地喜欢，和邝文美通信时说："每次我看见你指甲上涂的 Power Pink（粉红），总看个不了，觉得真美丽，同时又怕你会换别的颜色（因为别人的指甲，我做不了主），可是后来看见你一直涂这颜色，我暗暗高兴。"

虽然对别人的审美做不了主，但是张爱玲将其独到的看法运用在自己身上，穿着打扮直追求标新立异。她喜欢强烈的撞色搭配，柠檬黄、大红、葱绿、桃红、士林蓝都是常选用作衣料的色彩，并且将常人难以驾驭的色彩展现得淋漓尽致。潘柳黛《记张爱玲》中说道：“张爱玲喜欢奇装异服，旗袍外边罩件短袄，就是她发明的奇装异服之一。”

化妆品能让一个女人具有精致而独特的女人味，张爱玲的容貌并不出众，但她的气质源于骨子里，使得她成为一个时代的“传奇”。

第三节　人物

集才华、美貌、品味于一身的时尚达人张爱玲

提起张爱玲，相信很多人对她的印象都是才情与气质俱佳。她的作品，无论是文学还是画作，都曾风靡一时。张爱玲这个名字也已经形成一个派别，一种文类，时至今日依旧在传唱。她的作品能够直击人的心灵深处，容不得一点杂质，在生活上她同样一丝不苟，随时保持精致的容颜，并且认为女性爱美是一种本能，女性更要有独立自主的生存意识。

春风得意的叛逆少女

张爱玲是民国时期的叛逆少女，一生都在追求自由。她从小受家庭影响颇深，母亲的特立独行和坚强自由都潜移默化地影响着她，在张爱玲的眼中，母亲一生漂泊不羁、爱自由，她的母亲就是叛逆的典型。张爱玲的家庭环境，让她体会不到温暖，使得她的性格变得清冷孤傲，后来这也渐渐转变为她独有的魅力，一种从骨子里散发出的气质和性情。

她从小就盼望着长大，希望可以像大人一样去追求美。因此很早就开始卖文为生。1943 年，22 岁的张爱玲凭借《沉香屑 · 第一炉香》和《茉莉香片》在上海滩迅速走红，成为风靡文坛的年轻女作家，实现了真正意义上的经济独立。她也拿着自己的处女作稿费买了人生的第一支口红，这样爱美的天性并没有阻止她成为一位出色的作家，反而在精致的外表下更加春风得意。

● 奔放洒脱的红嘴绿鹦哥

民国时期的美是婉约典雅的，而张爱玲的美是奔放洒脱的，她喜欢涂大红唇色，穿着丝质的细花旗袍，也钟爱别致惊艳的服饰，衣着品位不俗，“一件在虹口购买的布料做成的套头长裙，刺目的玫瑰红，散落着粉红花朵，嫩绿的叶子印在深蓝或碧绿的地上，一块布料就是一幅画，我仿佛穿着博物馆的名画到处走”，张爱玲把自己打扮得像一幅精致的画像，从发型到着装都要求别致新颖，给人赏心悦目的感觉。胡兰成在《今生今世》中是这样描写张爱玲的，“她保养自己像是一只红嘴绿鹦哥”。

● 各人住在各人的衣服里

张爱玲穿衣向来喜欢标新立异，以此来挣脱传统枷锁的束缚，在清装大袄下穿薄呢旗袍，将祖母的凤凰被面改成一套薄绸裙子，穿着它出行上街。她认为“各人住在各人的衣服里”，在她拿到第一笔奖金时，就自己当设计师，随心所欲地制作了一件衣裳，把自己的想法和态度都穿到身上，用着装表达内心深处的自我。

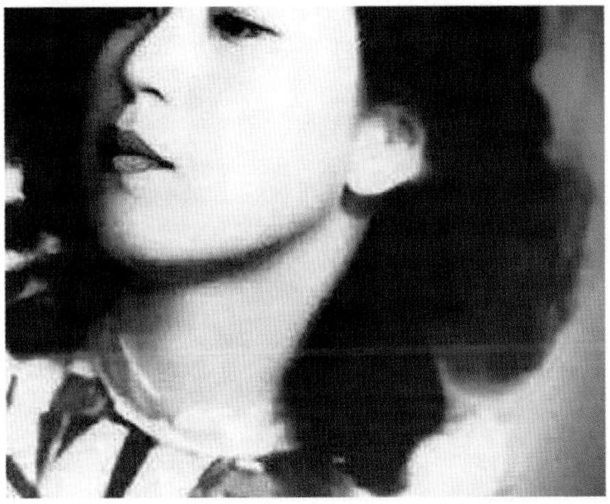

小说集《传奇》出版时，张爱玲曾多日穿着“奇装异服”去印刷厂校对稿样，引得工人们纷纷驻足围观，甚至几度出现“罢工”现象。

这就是张爱玲，一位爱美、爱自由、与众不同的才女。她的一生就是一个传奇，她的写作不流于俗，她敢于揭示男女之情的本相、婚姻家庭的本质，把浪漫的理想境界还原于凡俗的人间，而把一切的风花雪月都归于生活的尘俗。

第四节　典故

从20世纪20年代到40年代，在170多期《良友》中，男性封面人物仅为11位，以年轻女性为主，而其中电影明星多达32位，可以说很多明星都以上此画报为荣，可见其在当时的影响力。当时即有人评价：“《良友》一册在手，学者专家不觉得浅薄，村夫妇孺也不嫌其高深。”

《良友》属于影写版画报，是由出版家伍联德在1926年于最具国际气息和时尚敏锐感的上海所创办，主编多为当时著名的文坛人士，如周瘦鹃、梁得所、马国亮等，而且他们经常与鲁迅、巴金、老舍等交流，可见他们的思想和眼界之高。至1945年10月《良友》停刊，它在中国内地出版20年，创刊号共售出7000册，封面中英文两种语言表达后又凭借其品牌影响力，从中国走向了世界，远销美国、加拿大、澳大利亚等地，受到极大的欢迎，而且至今影响力不减。它是时代孕育的产物，诠释了当时上海的摩登生活，作为民国最“时尚”的画报，它发挥了引领社会风尚的功能。

《良友》伊始90%多的封面人物都是都市时髦女郎、贵妇或电影女明星，例如一代影星阮玲玉、民国名媛陆小曼、影星胡蝶、泳坛“美人鱼”杨秀琼等等。妆容表现出既含蓄内敛又时尚前卫的气质。后来也着重报道国内外新闻和介绍政坛风云人物，涉及生活的方方面面，不过始终都没有离开追求时尚的主题，并尽最大可能地满足读者的需求，可以说风靡全中国。正如它的宣传语：“中国最流行最有吸引力的杂志。”它的读者包括家庭主妇、现代女性、工人、学生等。餐厅、车站、公园等处都可看见它的身影，最大限度地实现了时尚与社会生活的对接。

泳坛“美人鱼”杨秀琼的泳装封面照就掀起了新潮女性的游泳热，而在当时这样的尺度也能够被人们所接受，成为上流社会淑女的偶像，从传统眼中的伤风败俗演变为新兴的潮流趋势，便是当时思想对于美开放包容的一大进步。而后封面中旗袍也逐渐改短，底部到了膝盖往上的位置，袖口已经完全西式化，变短、开衩、无袖，甚至开始盛行穿短裙，女性在服装上获得了解放，露出的肌肤也凸显出女性的健康美。

画报中的女性形象，表现出新女性思想的进步，更好地诠释了中国近代女性社会地位的提高。吴果中曾说：“《良友》大胆突破了中国女性不出闺阁的历史惯例，它将女性从闺阁推向广阔的社会，开拓了中上层女性展示其形象的公共空间，营造了一种生活方式及审美价值上的时尚，制造了上海二三十年代的一套流行体系。”

《良友》也堪称近代版的“时尚芭莎”，现如今的《时尚芭莎》是一本服务于中国精英女性阶层的时尚杂志，传播来自时装、美和女性的力量。不管是 80 多年前还是现在，美妆与美女的定义都会随着时代而变化，但是美永不会流失。

第五节　古为今用

欲罢不能的民国“性冷淡”：高级感妆容

“性冷淡风”的官方说法是 Normcore，法国的优雅女性都是这个范儿，代表着极简与克制，是去繁求简的高级智慧。民国时期的时尚女性身上都有着些许“性冷淡风”的影子，比如张爱玲，虽妆容素雅，但气质却透露着孤傲，拥有着高级感。在极简与克制之间获取平衡，这是“性冷淡风”的最终精髓，也是民国美人独有的。

民国时期的“性冷淡”风格就能诠释出来这种纯粹的高级感妆容，那时的美女就好似一幅被精心修过的画报，令人赏心悦目。虽说当时的化妆品种类没有现在丰富，但是妆容显示出的时代性特色依旧是被现在模仿的对象。当时的“性冷淡”风格整体上是以简洁、自然为主，透露出一种清冷感，是骨子里的那种清高，又不乏一股文艺气息。既凌厉，又光芒四射，散发出清冷的高级感。

关键词就是无光泽雾面底妆、寡淡眼妆、深沉内敛的浅色腮红、裸色口红，这样就能将五官勾勒得格外出彩。虽然妆容缺少光泽感，却复古性尽显，整个底妆都是哑光雾面，就好似一层薄雾笼罩的脸庞，干净无油光。粉底也是清透的效果，看上去非常自然，是那种不加雕饰的美感。

现代我们在针对这一时期进行仿妆的时候，尽量避免使用厚重的粉底，定妆的妆品也要选用雾面哑光的，对脸部容易出油的地方，要用雾面效果的粉饼进行修饰，比如鼻翼两侧和额头处，全脸的定妆产品首选散粉，这样妆容的效果也会更加持久。眼妆也要有素净寡淡的感觉，眉眼的色彩一定要淡，淡到看似没有化妆，又不能让眼睛空洞，可以画一条线条感强的眼线，突出强调效果，增大眼睛的视觉感。

接着再用细腻柔滑、偏于淡色的眼影稍微修饰眼睛周围，减少眼睛的浮肿，杏色雾面的即可。至于腮红，要选取最接近肤色的颜色，例如棕色、古铜色，还会显得特别有气质。唇妆则是低调的裸色，可显得愈加真实自然，五官呈现大气舒适的同时，也散发出强大的气场。

除了"性冷淡风"的妆容，也需要服饰的搭配。民国时期女性通常是以洋装和旗袍为主。洋装是当时比较新奇的潮流打扮，受到舞女、名媛的青睐，举手投足间都是不做作的妩媚、高贵、婉约，而冷色调的旗袍配合这种妆容就尤为合拍了，眉眼间都是风情和气质，营造出不食人间烟火的风骨和神韵。

"性冷淡风"虽然看上去简单，实则透露出高级的妆感，突出了肌肤本身的质感与五官自身的轮廓之美，成为与传统的清丽美、艳丽美不同的美的风格，让人们对于美的认知和空间更深了一步，而非仅仅局限于传统的小家碧玉的美，未来的妆容还存在着更多未知多元的可能在等待我们发现。

一粉多用：民国时期爽身粉的现代“分身”

随着“文明新装”的大肆渲染，人们纷纷追崇开放的审美时尚，也唤醒了女性对于美的渴望，固有的化妆品已经满足不了民国时期的需求。因此，民国时已经陆续生产牙粉、牙膏、爽身粉、香粉、香皂和香水等一系列日常生活用品。从国外引进的美妆护肤品，如巴黎素兰霜、培根洗发香脂水、力士香皂等也同样受到人们的追捧。当时的上流阶层偏爱洋货，后来随着国货的增多与盛行，大家也开始以本土的化妆品为主。女性夏季开始使用爽身粉、香水，冬季则用滋润的雪花膏、护发用品，如生发油和凡士林等。也正是这个时期，化妆品进入了女性的日常消费之中。

爽身粉受到了当时女性的欢迎，尤其是夏季的时候，汗液会让人产生黏腻感，这样的触感会带来极大不适，而爽身粉能使人干爽、舒适。爽身粉也叫“痱子粉”，例如当时比较著名的双妹牌痱子粉，亦舒的《遇》中曾说：“我躺在长沙发上看小说，每隔十五分钟，听古老时钟‘当当’报时，非常宁静，我决定在十一点半时去淋浴，把湿气冲干净，在身上洒点双妹牌痱子粉，换上花布睡袍，上床做一个张爱玲小说般的梦——曲折离奇，多采多姿。”

发展到现在，爽身粉和痱子粉已经有了明显的区分。爽身粉主要是吸收汗液，用来清爽皮肤的，新一代的爽身粉分为玉米粉、松花粉、珍珠粉、滑石粉等，成分有了较大的区分。男女均可以使用，不过要注意成分而选择适合自己的产品。而痱子粉则是消炎杀菌、止痒镇痛和阻止热痱子的产生，痱子粉分为成人痱子粉和小儿痱子粉，不仅大人可以使用，宝宝也可经常使用。

民国时期的月里嫦娥牌扑粉就是化妆用的香粉，使用后可使肌肤白皙光泽，当时的女性几乎人手一瓶扑粉。直到现在，扑粉依旧是化妆品的一种，相当于如今的散粉，二者的原理都是一样的。由此可以看出当时女性护肤十分精致。发式、妆容等也随着中西交融而逐渐解放，女性开始穿上流行的着装，化上特色的妆容，自信地走上了各自的工作岗位。

民国女性的美妆风格在冲突的东西方审美之间寻找平衡点，对化妆品市场的需求也越来越大，同时带动了美妆民族企业的崛起，从萌芽到崭露尖角，逐渐以卓越的成绩进入化妆品市场，并取得自己的一席之地。嫦娥、双妹、无敌等国产品牌也成为民族国货的领军人，影响深远。

第六节　品牌

古往今来，爱美从来都是各个时代女性不变的追求之一。而化妆品，则是让女性变得更美的必备品，化妆品发展至今，各种功效的产品已经颇为完善。那么，20 世纪的化妆品是什么样的？各个时代的女性又是如何使用化妆品的？

- 1890—1899 年 化妆是一种“神奇的戏法”

1896 年，马科斯 · 比尔博姆出版《捍卫化妆》一书。在书中，他认为化妆不只是遮遮瑕疵，更重要的是它让你尽情地炫耀上帝赐予你的这张脸。比尔博姆及其他的评论家将它称为一种“神奇的戏法”。在 19 世纪末以前，化妆品已经有几百年的历史了，但是都含有腐蚀剂、氢氧化物或是有毒性的物质。使用这样的产品，消费者随时可能沦为受害者，通常这些化妆品商人都信誓旦旦，说他们的产品有质量保证，一些女性便轻易地上当受骗。与此相反，家庭配制美容法却赢得了许多女性的芳心，因为它们不仅可以改善容颜，而且成本低廉。1886 年，哈里亚特 · 哈伯德 · 爱雅—— 这位独立的离异女子，在去巴黎的旅途中购买了一个贴面霜的配方，并在市场上推广。不仅如此，这位精明的女商人还摇身一变，成为这个时期权威的美容记者。若放到现在，她应该可以被称为“美妆时尚博主”了。此时女性获得口红的方式也很有趣。热爱化妆的女性常常在厨房中寻得她们所需要的美容武器，比如甜菜根、草莓汁等。胭脂液的使用很普遍，女人们常把它装在带有象牙棒或木棒的小小丝质或纱球里，搽脸的时候，将它在水中或者酒精液中蘸一下即可。这个时期的卫生条件极为恶劣，因此人们常使用香水来驱除恶臭。18 世纪诞生了许多香水公司，娇兰在 1889 年推出了姬琪，从而改写了香水的历史。

- 1900—1909 年 各种各样的化妆品涌现

美白液和美白霜是这一时期的畅销化妆品。日本的大米粉末是另一种美白产品，也许算得上是环保的产品之一。希腊水是当时价格惊人的美容产品，它可以代替粉底，但却很难干燥。吸油纸是另一种大受女性宠爱的产品，她们用它来处理脸上的油光。这个时代出现了各种各样的指甲油，但基本都是无色的。还出现了形形色色的洗发剂和美肤食品，胭脂膏也非常受欢迎。含砷的化妆品也出现了，据说它有去除雀斑、黑头、粉刺，改变脸红或者蜡黄皮肤的功效。除此之外，唇笔、眉笔和隆胸剂也流进市场。1909 年，塞弗瑞吉百货公司开辟了一条新的思路。他们首次将化妆品陈列出来，顾客们可以直接试用陈列在橱窗上的各种颜色的粉饼、唇膏和胭脂。

- 1910—1919 年 第一家化妆品沙龙问世

出于健康原因，市面上开始重现护肤霜。上流社会的女性通常还留着浓浓的未经修饰的眉毛，擦少许凡士林保持洁净的皮肤。面油纸的需求量虽然还是甚大，但是涂抹浓重的白粉已经过时了。弗兰科斯 · 科蒂是这个时代叱咤风云的人物之一，1900 年他参加了巴黎举行的世界博览会，从此涉足化妆领域。他认为如果一个人发明了一种迷人的香氛，那么他一定要赋予它一个漂亮独特的瓶身，还要以合理的价格将它推销出去。科蒂还第一个提出不同的香水产品应有不同香味，如广为人知的科蒂香水有 1910 年推出的“ 铃兰花 ”，和后来的“ 吸引 ”与“ 康普利斯 ”。1910 年，伊丽莎白 · 雅顿创办了第一家化妆品沙龙，这使她的产品很快成为世界家喻户晓的化妆品牌，正如我们所看到的，一个新的美容世界被打开了。蜜丝佛陀在这个时代里还是以为俄国皇室生产假发为主，但也开始将触角伸向了美国市场，以寻求新的商机。

- 1920—1929 年 战后化妆品新潮流

此前，引领时尚潮流的是上流社会的贵妇，而如今这一角色被演艺圈的明星所替代。在明星带动下，女人们开始浓妆艳抹起来。说到这里，我们就不能不提蜜丝佛陀这个名字。作为 20 世纪 20 年代化妆业的巨头之一，他的名字与好莱坞密不可分，因为他所研制的化妆品特别适用于银幕而不适用于舞台。蜜丝佛陀在好莱坞声名大噪，几乎征服了所有 20 年代的绝代佳人。蜜丝佛陀的名字与电影一直形影不离，产品的宣传海报与广告也多和当红明星拉上关系。1928 年，在推广他的“SOCIETY 彩妆 ”海报上，便印上了在他的帮助下，被好莱坞打造成传世银幕形象的明星，从而获得巨大的成功。这种利用明星效应向公众推销产品的广告宣传方式也从此保留下来。睫毛刷与眼线笔是第一次世界大战后的发明。在战前，青年人热衷使用眼影粉，甚至将它称为“ 女人的秘密 ”之一。1927 年让 · 帕托发明了一种名为“ 加勒底 ”的 防晒油，他还设计了泳装，和可可·香奈儿一道将日光浴推广成为一种文化。这之后，卡尼尔的第一支防晒霜 AMBRE SOLAIRE 面世，大获成功，并且成为这类产品的主要品牌。香奈儿宣告了防晒油需求时代的到来，也可以说防晒油标志着休闲与健康的生活。那些整日在工厂和公司里从事室内工作的女性，到该走进大自然的时候了。

- 1930—1939 年 化妆品色彩张扬

20 世纪 30 年代，随着日益增多社交需要，第一次有了真正意义上的“不可或缺”的化妆品。1935 年，蒙黛的风头超过了浪凡与香奈儿，推出了擦脸香粉和著名的“中国红”口红系列。她利用她的“妆前组合套装”帮助女性确立现代美容的常规，这些包括洁面霜、日霜、晚霜、扑粉和口红。露华浓的创始人和一位化学家共同发明了一种新的生产技术，即用颜料替代染料制成色泽艳丽的不透明指甲油，并调配出前所未有的缤纷色彩。这项成功的发明立即引起了巨大的反响，给女性带来了美丽与惊喜的同时，也大大推动了露华浓公司的发展。30 年代末，露华浓又推出一系列与指甲油颜色相配的唇膏，创立了“唇膏与指甲油相匹配”这一突破性的时尚概念。1932 年，伊丽莎白·雅顿首次推出 6 支装不同颜色的系列口红，称之为“口红百宝箱”。她还提出口红、眼影要和服装的颜色和谐统一的美容理念，这也意味着你要注意衣服颜色的整体搭配。1936 年，她推出了大受欢迎的香水——“青春芳草”，使这一理念进一步得到完善。30 年代的化妆品颜色非常张扬，通常是狂野而且充满了实验性。比如芭芭拉·哈顿用黑色的指甲油、橙色的唇膏、绿色的眼影。这在当时是一种非凡的时尚。

- 1940—1949 年 化妆新品闪亮登场

正如水手不能没有香烟，女人是不能没有化妆品的。但是那时化妆品的质量却堪忧；颜色屈指可数，粉饼与口红又干又容易脱落。酒精的紧缺使科隆香水减产，甘油的极度匮乏也意味着无法再生产润肤用品。但战争没有阻碍新技术的发展，仍然有新产品在此期间问世。譬如蜜丝佛陀推出了它的“铁盘蛋糕”经典粉饼，直到今天依然是人们喜爱的产品之一。1947 年，蜜丝佛陀的另一粉饼“铁盘粉条”在欧洲问世，给欧洲妇女带来细腻无痕、完美无瑕的脸蛋。“铁盘粉条”涂抹起来非常简便，与战前又黏又不易干的粉饼相比可谓是个飞跃。40 年代初期，女性只是略施粉黛：用眉笔勾勒出细细弯弯的柳眉，在脸上扑点粉，用鲜艳的口红描绘出一个状似爱神丘比特的弓箭的唇形，这些都是那个时代妆容的特点，人们已经普遍接受女性在公共场合化妆。骤然间，新的美容产品泛滥成灾，譬如人造睫毛，还有眼线液和眼线膏，都是首次出现。除此之外，眼影笔、眼影霜、防水面膜和眼部卸妆产品等都闪亮登场。

- 1950—1959 年 埃及风格化妆潮流

大多数女性虽然仍蛰居家中，相夫教子，但化妆、美容仍然占据着重要的地位。大部分男士认为，一个妻子就应该看起来面容姣好、温柔贤良。那些和男性一样拥有自己事业的女性，至少也需要涂涂口红、搽搽粉，素面朝天会让人觉得不可思议。50 年代还出现了第一支一次性的筒形口红，包装也更倾向于精美细致了。以浓重眼线为主要特征的埃及风格是这个时代的新潮流，牢牢地吸引了人们的眼光。这种妆容表现在眉毛更细、更长，嘴唇也更宽、更厚，颜色更浅淡了，给人一种前所未有新奇优雅的感觉。

- 1960—1969 年 彩妆新品缤纷登场

1964 年，假睫毛是化妆界的热点。最早的时候，睫毛膏是往黑色当中掺和一些其他的颜色，刷在睫毛上，使睫毛看起来更黑更浓密。玛丽 · 奎恩特的成套眼影、多彩睫毛膏、组合式口红片，都是那个时代女性化妆袋里的必备品。两色一组或三色一组眼影、粉底被装在小小的带镜子的粉盒里；一次性塑料筒状的眼影霜更是一件新奇的工艺品，这种趣致的包装都挑起了女性的好奇，每个人都跃跃欲试。胭脂，也就是现在所说的腮红，在 60 年代重放异彩。它在面部造型中有着不可替代的作用，是化妆品中不可或缺的。1963 年左右，相继出现了费伯奇的“玫瑰色脸颊”、芝曼 · 蒙黛的“液体腮红”，这些产品直到 20 世纪 80 年代仍盛行不衰。

- 1970—1979 年 化妆品是女性的美丽宣言

化妆与美容业都强调轮廓，这需用颜色的浓淡来塑造骨感。70 年代末，极为推崇在眉骨以下勾画一道白色条纹的彩妆。润唇膏是这个时代一道亮丽的风景线，它适用于所有女性。以面对青少年为主的博姿发出“颜色让我美丽”的广告宣言，从 1968 年一直到 70 年代，这一化妆品久盛不衰。雅诗兰黛在原有品牌的基础上创立了另一姐妹品牌倩碧。倩碧始终独树一帜，它推出了经典的护肤三部曲：洁肤、爽肤和润肤。倩碧也是首次提供个人咨询服务的化妆品公司。露华浓公司针对 70 年代的新女性，开发了查理香水，它的出现犹如闪电划空，迅速风靡了全球。这种香水被标榜为世界上年轻女性的“生活方式”。

● 1980—1989 年 清淡妆容备受推崇

古铜色的肌肤、清淡的妆容、轮廓清晰的眼睛和嘴唇，是 20 世纪 80 年代人们所推崇的妆容。唇膏有醒目的红色或鲜艳的粉红色。女性几乎人人都少不了眼线笔，眼线膏一度格外受宠，眼影的颜色也更加自然。自从倩碧的基础护肤三部曲产品获得巨大成功之后，80 年代又出现了一种新的洗面奶产品。“清洁、调和与滋润”成为 80 年代厂家与大师的口号。在 80 年代的抗衰老护肤品中，不能不提到脂质脸。胶原蛋白是这一时期发现的另一重要抗衰老产品。安妮塔 · 罗迪克是 80 年代具有传奇色彩的人物之一。她花 4000 英镑开办了第一家“美体小铺”，还和芭芭拉 · 达利一道成立了“商品的色彩”，鼓励化妆师们在他们的领域里进行新的尝试。

● 1990—1999 年 产品的环保理念

20 世纪 90 年代，果酸首次面世，它的出现带来了一些争议，自从人们了解了果酸容易灼伤皮肤后，果酸类产品不得不几次从市场撤退。第一个果酸产品诞生于 1992 年，蓓利推出了青春精华霜，销售情况喜人。随后出现了雅芳的果酸系列，露华浓紧步其后，使果酸产品成为一股势不可挡的潮流。倩碧在果酸护肤中脱颖而出，提出果酸换肤概念。地球变暖、臭氧层变薄，意味着在 90 年代美容面临的天敌是阳光。这个时代人们对环境问题的关注高于一切，化妆品制造商意识到，如今的消费者不仅在乎产品的外观和安全性能，而且关心它是否有利于我们所生存的这个星球。美是一种信念，带领女性在时代的浪潮中勇敢表达自己，捍卫以及追求女性独立自主的权益。从百年以前再到现在，化妆品作为女性的美丽武器，始终不断发展完善，帮助更多女性塑造更完美的自己。因为美的信念不只是外观，更代表女性历经百年仍不可忘却的独立与自由。

第十三章

现代：百花齐放

第一节　审美

美颜滤镜下谈当代审美

跨越近代复古而又略带革命精神的审美年代，21 世纪迎着崭新的脚步推开了审美现代化的大门，全球化、开放化的视野伴随科技的加持，推动着我们每一代人的生活，在社交、娱乐上所花费的时间占据了生活的重要部分，而美也成为社交至上时代下一个不可忽视的谈资。

近年，伴随社交娱乐化趋势，美颜相机、美颜滤镜已经成为社交中一个重要的沟通媒介，美颜也成为当代女性最喜欢并且最常用的社交方式。在人类追求美的历史长河中不难看到，关于美每一个阶段有着不同的展现形式，美颜也不过是这个时代在追求美的道路上的另外一种方式，但其背后关于当代审美却有着不同的跨时代意义，而这些或许又将带给人们关于美的一次重大跨越。

- 社交至上下美颜滤镜的兴起

审美多元化的现今，我们接受来自世界各地不同的审美文化，但是对于普遍认知下的大众审美，仍在很大程度上掌握着一定的话语权。对于美的既定认知，也从白皙无瑕的皮肤、精致的 V 脸、深邃的双眼皮等大众印象开始，随着对于美的一步步外化表现，人们更愿意将美呈现出来，也就促成了具备磨平、美白、瘦脸、大眼等功能的美颜滤镜的出现。

美颜滤镜的兴起，就是在这个快速发展时代下面对社交娱乐化年轻人对于美追求的真实写照。他们一面社恐，一面又格外希望自己被认可，就这样他们在手机的一端开始了对于美的幻想。

- 美颜滤镜的造梦之路

美颜的产生就像是在造梦，让每个人都活成自己心中最美的样子。美颜自带磨平、美白等改善调整面部状态的功能，功能按键的每一步都使自己在镜头中变得更好，尽情地在手机的一端将最好的一面展现给世人。而这正好反映着美颜滤镜背后的市场需求，美颜滤镜的产生只不过利用科技将美更好地展现于世人眼中，让我们对于美有了更多期待。

不得不说美颜滤镜的出现使得我们在表达美、传递美的道路上更进一步，也因此衍生和涌现出不少关于美的产业链，美颜软件、美颜相机甚至手机也增加了美颜功能，大批网红所构成的网红经济等等让这个时代对于美的认知和展现形式都与过往有了较大的差异和突破。

- 美颜滤镜的博弈与翻车

在科技可以随时弥补和调整美的表现形式的现今，当我们一味地去“夸张”、同化美的同时可能会忘却了我们原本的自然美，这种美虽有一丝瑕疵，但多了一份真实和可爱。

美颜滤镜的产生，确实带给了这个时代美的另一种表现形式，也带给了我们生活中对于美的幻想和憧憬，让我们更加勇敢努力地表现美、展示美。

人类的审美本就是在不断的发展中翻新和轮回，现在我们也会常常使用美颜，但对于其认知都有了自己的判断和选择，对于美也不会一味地追求白皮、V脸等属于“别人的美”。美颜滤镜代表了一个时代对于美的探索和挖掘，或许其中会有些许偏差和出错，但这都不影响人们追逐美的脚步，美不受定义，美也从来不受限制。

第二节　美妆

彩妆时代新纪元：口红革命

口红，已然成为当代女性几乎人手一支的必备品，究其过往其实已有数千年的历史。在经历时代更迭和审美变化的现今，口红在技术、色彩、观念上都发生着革新，这场革新喻示着彩妆时代新纪元，一个彩妆时代的来临，一个新审美时代的开启。

- 改变口红“命运”的技术革命

口红已成为彩妆时代的先行者。在技术层面的革命和创新依赖于口红背后庞大的产业链和供需链得到相应的维系和支撑，正是因为人们对于美的不断探索和认知驱动产生的需求伴随技术革新，一步步改变着口红的“命运”。

口红的进化分为两个维度，一个是使用方式上的革新，口红体系下存在着若干个反映时代阶段的口红形式，从中国古代早期口红雏形的胭脂膏、红纸再到近代的初代口红以及现今不断演变升级的唇釉、唇笔、唇脂等等。它们的出现不仅丰富了口红多样化的使用，也在一定程度上体现出人们对于审美的研究和探索。

而哑光、珠光、润泽、高光等的出现，使得口红再一次刷新人们对它的认知，不同的是这一次是关于口红质地的革新。这些口红质地以其惊艳的妆效赋予人们对于唇妆的无限遐想。而无论是使用方式抑或质地上的技术革新，都使得这场改变口红“命运”的技术革命诱惑和吸引着人们不断探索追求新的审美盛宴。

- 打破口红“印象”的色彩革命

提到口红颜色，大多数人的第一反应都是红色。红色长时间以来一直是口红中最普遍和最经典的颜色。随着审美的多元化和个性化发展，单一的红色已经不能满足人们对于口红色彩的选择，美妆界展开了一场关于口红色彩的革命。

在这场色彩革命中，单一的红色也在与其他色系的碰撞下衍生出不同的分支，豆沙色、珊瑚色、姨妈色、番茄色等，虽同为红色系但却诠释和传递出不同的性格色彩。

正是因为人们将唇色的命名与其所指代或反映的性格色彩进行结合，对于口红色彩的感知也不再冰冷和陌生，让人们在选购的时候会不自觉地产生联想，就如豆沙色会联想到温柔，珊瑚色会联想到少女，姨妈色会联想到气场。

除红色系垂直衍生的色系，口红色彩也同时经历着横向的发展，从红色系开始向其他色系进击，诱惑成熟的紫色系、冷酷暗黑的黑色系、优雅稳重的棕色系、清新少女的裸色系……这些非红色系口红颜色的出现，不仅打破了人们对于口红色彩的固有印象，也在刷新人们的审美认知，激发人们不断创造审美的突破。

● 挑战口红“不可能”的玩法革命

现今人们对于口红的探索和发现远不止技术、色彩上的创新，口红多元化的玩法成为新兴的社交话题，好奇心和挑战精神驱动人们对口红的玩法乐此不疲。

以往口红以打造唇妆为主，现今常常被用来涂抹于脸颊替代腮红。此外，口红自身多种颜色组合的叠加涂抹、口红不同质地组合的叠加涂抹、口红与其他彩妆品类的组合叠加涂抹等这些口红玩法上的创新，不断加速着人们对于口红审美的挑战。

未来，关于口红的革命仍会继续推动着人们探索美的未知进程，而多元化、个性化的审美观念和认知便是开启这场口红革命、彩妆新纪元的引导者。在这个缤纷丰富的彩妆新纪元，让我们期待着下一个阶段的口红革命。

第三节　品牌

国货崛起，美妆品牌百家争鸣

之前有些人买衣服或者美妆产品都倾心于国外的品牌，认为比国货性比价高，质量有保证，还有就是品牌知名度高，吸引力强。用过之后受众的反响也不错，安全不刺激、化妆品制造技术水平高、专利配方多次获得国际大奖、口碑好等，觉得这些都是国产品牌未能超越的。

也有一部分人可能存在这样的心理，用国产的不放心，反正进口的就是好，就是高端。因为曾经有一些国货产品让消费者失去了信心，假货畅行，很难买到良心产品；国外的化妆品能让人放心大胆地去购买，国货和外来货一对比就会黯然失色。有些人甚至会找代购、微商来买自己心仪的护肤品。

近些年国货美妆崛起，让国人爱上了国货。不仅在国内获得好评，还走向国际，与国际美妆平分秋色。

用"年轻，轻经典"的创意灵感指引彩妆潮流趋势的卡姿兰，古典宫廷韵味的故宫彩妆，"易上手、高品质、精设计"的完美日记，秉承"自由、创意、艺术"的精神、一直努力坚持并倡导"新艺术彩妆"的玛丽黛佳，"东方彩妆，以花养妆"的花西子，主打中草药配方的美康粉黛等，数不胜数。

首先，在错综复杂的市场环境下，人们对国货品牌的接受度越来越高，这也成为本土品牌崛起的重要信号。很多国货品牌都在国际上打响了名号，国货美妆正在崛起，并且呈现百家争鸣之态，吹爆国货美妆又何妨！几乎每个领域都在刮一阵国货风，李宁走进了时装周、华为在国内战胜苹果，这让我们意识到国货的出色，越来越多的人都在使用国货美妆，尤其是年青一代对本土品牌的接受度上升，使国货品牌脱颖而出。

此外，毫无疑问，　国内企业更加注重自主创新和工匠精神，在一定程度上加速了"中国品牌"的诞生，促成了国货的崛起。

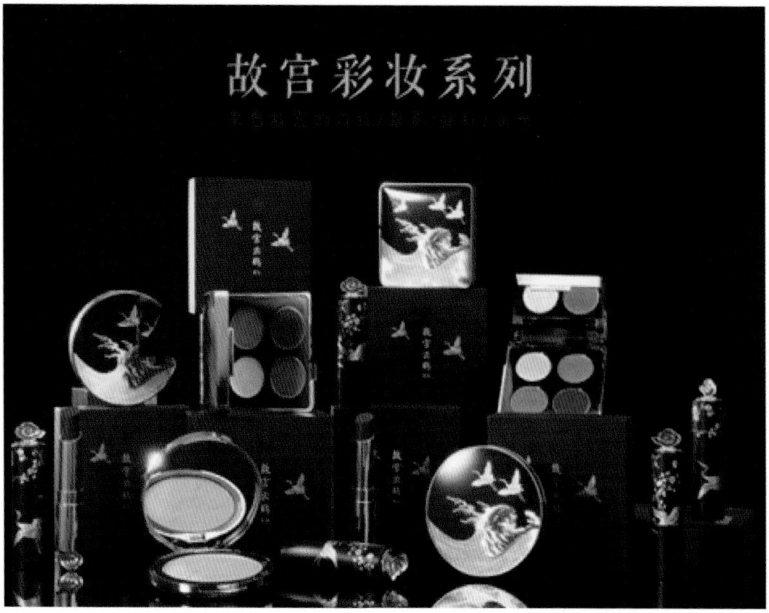

国货发展机遇与挑战并存。面对不断扩大的美妆市场，国货美妆品牌应该深入思考并研究企业及品牌应如何立足行业长久发展，进一步了解当下消费者的变化，努力满足消费者不同层次的需求。

作为企业经营者来说，既要在科技和创新上下功夫，又要积极提高自己的品牌价值和文化底蕴，提升品牌实力与科技创新能力才是品牌发展的重要手段。

那么国货崛起的下一步又在哪里？随着美妆消费人群越来越年轻化，趣味性渐渐也成为影响购买决策的因素之一。除了传统的东方古典美韵，国货美妆与其他行业的“跨界”合作也受到了消费者的热捧。

美妆品牌与新晋流量的合作，也进一步激励明星粉丝贡献品牌热度。花西子与国风美少女鞠婧祎的合作，为其打开市场做了很大贡献。

随着国内文娱市场的发展，国货美妆也搭上了顺风车。一些现象级电视剧、综艺节目中，经常会出现“同款色”风靡的现象，如前一段时间很火的影视剧《东宫》中女主角小枫带火的“小枫色”，甚至包括春晚上引起广泛讨论的“佟丽娅色”等。国货美妆正借着影视的东风迅速壮大。

现在国人可以自豪地说国货有好产品、良心产品,可以完胜那些国外知名品牌。之前一度被我们吐槽质量低、设计不美观、模仿风波不断的国货品牌,正在一次又一次刷新我们对国货的认知,如同华为任正非说过的:承认差距,但相信未来我们会做得更好!

第十四章

本草护肤

第一节　缘起

崇尚自然美，是中国传统美学中一种普遍的民族审美趣味，而中国人也是提倡自然美、健康美，所以很多人对整容一直都持较为排斥的态度，比较欣赏纯天然、未加雕琢的美。

到达一定年龄时，我们的肌肤就会老化，这时需要依靠护肤品来保持肌肤的鲜活性。现在护肤品中化学添加物质增多，虽功效明显，但是存在一定的副作用，治标不治本。为此人们更加倾向于利用中草药那种纯天然的物质，内服或外用达到美容的目的。每一个中国人对于中草药都不陌生，它不仅具有药用价值，美容功效也显著。

其实早在几千年前，古人就已经利用纯天然的药物来护肤美容，而今人利用中草药护肤是在近几年兴起的，目前为止，我国化妆品中使用的中草药就达到 500 余种。

现在人们对天然药物的需求越发急切，我国医学对美容护肤的记载有很多，如《普济方》《外台秘要》《太平圣惠方》《华佗神医秘传》等对此均有详细的记述。我国第一部药学专著《神农本草经》中，就记载了几十种有护肤美容作用的中草药，如“人参内调外养，滋补养颜”“天山雪莲又名荷花，药中极品，可祛斑抗氧化”。《本草纲目》则总结了历代美容护肤的经验，专门列有面药一条，载有美容中药一百六十八味。

提到中草药护肤，不得不提的就是武则天，她 80 岁高龄时仍旧保持姣好的容貌。她用的一个美容秘方就是益母草泽面方，该方法也被收录在《本草纲目》中。时常用益母草敷面，可以阻止黑色素的产生，淡化脸部斑点，减少皱纹的生成，使得皮肤滑嫩富

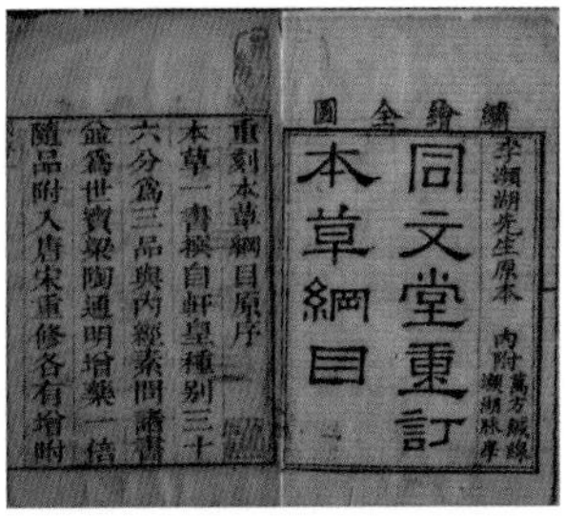

有光泽。还有一位善于中草药护肤的就是慈禧太后，她年近古稀肌肤依旧如同少女般。她的美容用品玉容散取自几种中草药，磨成细末，加水调和，敷于面部，具有防皱美白的功效。

中草药背后是中华传统文化，这种东方的魅力在世界的舞台上也愈发耀眼，东方美丽也渐入大众视线，中草药护肤更是如今的一大热点。中草药与护肤相结合，也将把古人养肤智慧和中草药美肤潜能发展到最大化。

第二节　历程

天然本草——源于自然界的本草美学

自古中药就被认为是中华民族传承下来具有代表性的中国药物治疗体系，早前中药广泛流传于民间，常被民间医生使用作药。由于中草药大部分来源于天然的植物、动物、矿物及其加工品，而其中又因植物草药居多，使用也最为普遍，故有“诸药以草为本”的说法，且记述这些药物的书往往冠以“本草”之名，所以自古以来把我国的药学也称为“本草”。

早在唐朝，就已经广泛运用中草药作为中医用药了，唐《新修本草》是中国古代由政府颁行的第一部药典，也是世界上最早的国家药典，记载了本草相关的药用信息。而后明朝李时珍的《本草纲目》，则更是将本草知识推向了当时的新高度。

关于本草在古书典籍记载中出现不少，其流传下来的内容为医药学做出了卓越贡献，也成为中华民族优秀文化宝库中的一项重要内容。而将本草应用在美容护肤中自古就有。据传古代四大美女之一的杨贵妃就会用中草药面膜，她将多种中药材和珍珠粉混合，碾成细末，制成膏体状敷于脸上，能够达到祛斑、美白、紧肤、除皱的效果，让肌肤呈现健康白皙、红润靓丽的状态。

除其自身的美容价值，本草命名所流传下来的风俗文化也是我们值得研究的，元代名医朱丹溪曾说：“尝观药命名，固有不可晓者，中间亦多有意义，学者不可不察。”很多中草药都是用典命名，还有从神话传说和来历上面寻找灵感的，不过其中有很多都是为了纪念发现者而以他们的名字命名，比如刘寄奴草，还有背后的故事。

中国是中草药的发源地，目前大约有10000种药用植物，这是其他国家所不具备的，在中药资源上我国占据明显的优势。中草药本身为天然物质，保留了各种成分的自然性和生物活性，其成分易被吸收利用，中草药本身含有一定的营养物质，也被称为“神仙草”。中草药因其成本低、使用方便、资源广的特点，常用于食药，例如：“何首乌，制用补养气血，气味平和，可常食用，生用解毒通便而不伤阴，苗有安神润血之功。”

在《本草纲目》中也有记述：珍珠粉涂面，令人润泽好颜色。

近年现代人越发崇尚天然物质，许多人将中草药护肤作为美容的首选，相比于化学合成物，人们看中的正是本草护肤来源于大自然，纯正温和。

第三节　现代应用

"本草天然"掀起的国货品牌之光

提起国货护肤品牌，可能有些人的印象就是品质差、效果不好、知名度低，所以国外的护肤品牌得到消费者的喜爱。国货品牌一直在顶着巨大的压力和国际大品牌竞争，近些年其以全新的面貌出现在大众视野，质量和口碑也在呈上升趋势。不仅广受好评，还走出国门，国货品牌的崛起是国人之光。

国货护肤品牌推崇"本草天然"的概念，并用事实证明本草是安全的，民族的是可靠的。这些品牌中有百雀羚、佰草集、自然堂等，它们走的都是本草护肤之路。本草这一符号性的应用越来越广泛，尤其在化妆品、保健品方面。本草类化妆品的成功应用不仅提升了中国品牌的自身价值，也加强了"本草"这一传统概念走向世界。

- 本草的民族性

国人很早就已经运用本草来调理身体。明代李时珍的《本草纲目》中记载了众多天然中草药养颜秘方，传承了中国中草药护肤文化源远流长的历史。中草药护肤以中医理论为基础，以古人养肤的智慧，挖掘中草药的美肤潜能。

佰草集产品都是以中草药为配方，研制出适合亚洲人肌肤的护肤品，此品牌已经步入国内高端品牌，并且走向国际。

- 本草的安全性

纯本草的护肤品温和，对肌肤无刺激，一直都是大众的追求。凡涉及本草成分的护肤品必须公开配方，要经过临床测试加以证明。本草精华是未来护肤流行的趋势，汉方草本护肤品多用以天然植物组合成的配方，使用的中草药材大多为天然植物，用养生之道由内而外地养出健康活力。

由于现在很多知名品牌的护肤品存在化学添加剂问题，导致消费者更加关心护肤品的成分，这就使得纯天然中草药植物组成的护肤品受到更多消费者的青睐。

- 本草的风尚性

"东方本草"是一种新的护肤风尚。近年来消费者对天然、健康的化妆品更加关注，本草养颜护肤的理念受到追捧，汉方文化越来越受到重视，传承千年的汉方本草护肤品自然就迎合了这种美容理念，而它的最大特点就是绿色天然。本草类化妆品注重健康，自然得到广大消费者的喜爱与追捧。

国内护肤品市场已有数百种中草药护肤品，产品理念大多符合消费者需求，这就为本草类化妆品赢得了广阔的市场前景。

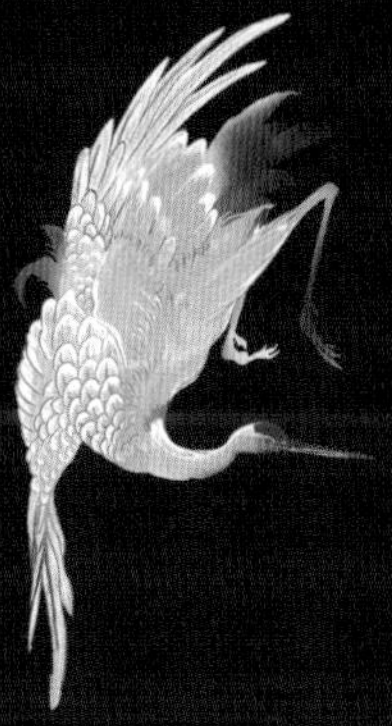

第十五章

激荡3000年：美妆演变及未来趋势

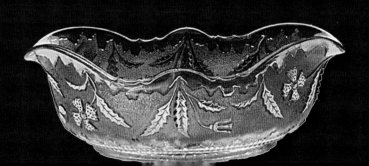

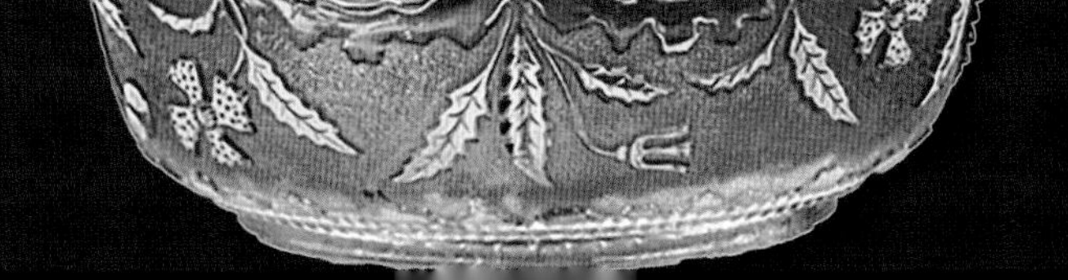

第一节 回顾

3000年审美变更，不变的是中国传统美妆文化精髓

当人有意识的时候，就已经知道了美，能感受美、识别美。时代不同，审美观念也会随之更替。审美观念、妆容服饰都在某种程度上代表了一个时代的历史和文化。

在氏族时期，以粗壮结实为美，那时的审美是最直接最单纯的意识表现。由于受到物质条件的限制，人们会以石制、木制、骨制的饰品来妆饰自己。春秋战国时期，人们开始注重面部形象，精致、柔弱、顺从成为审美主流，而且不同派别有不同的审美主张。两汉时期，在欣赏女性之美的同时，更注重品德，秀外慧中得到当时人们的极大认可。崇尚以德压美，顺应自然，内在美得到重视，不过特别注重服饰装扮，平时也会敷粉施朱。

魏晋南北朝时期，精神上比较自由，审美具有个性化倾向，女性之美也开始获得了独立的价值，对女性的美也趋于个性美、自然美，也流行过一时的半面妆。而且当时男性化妆也被接受，甚至比女性要风姿百态。唐朝崇尚主观、意韵、阴柔之美，健康是当时人们欣赏的一种女性美，女性也呈现雍容华贵、体态丰腴之态，穿着打扮较为开放，妆容上也越发讲究，红妆翠眉就是最好的概括。隋唐时期，出现中国历史上第一部正式的美容秘籍《妆台方》，被奉为当时的美容圣经。

宋朝崇尚淡雅清新的美，当时的女性就是文弱清秀，妆容也是素雅浅淡，檀色点唇成为当时的流行色，社会风气极其注重内养，并在这时开始兴起缠足之风。元朝的美，既有异域风情，也有融合之后的风尚，民间盛行素颜，整体妆容较为随意，讲求实用功能和外在美感，也出现一些进口美容化妆用品。

明朝女性着妆以明亮为主，唇色自然，脸颊色彩偏亮，妆容比较接近现代审美观，关注天然的整体美，当时的化妆已是全民普及，士大夫阶层也流行美容。清代宫廷与民间装扮反差较大，不过都是注重气质的体现，优雅就是当时女性所追求的，也留下了众多的护肤秘方。民国美的形容词就是眉清目秀、风情万种、仪态万千等，还盛行起外来潮流的妆容，讲求自然和自信。

近现代的审美趋于多元化，有众多的审美方向，也有审美级别之分。美不仅体现在外表，还在于个人的品质、行为等，除此之外，美妆技术大为发展，美妆品牌也层出不穷。

历朝历代的审美都是契合于时代背景的，也反映了社会风尚的变迁。其实美很难定义，审美是一个国家历史、文化的积淀，既是主观的心理表现，又受制于客观因素，不过人们的审美演变也在契合当时的理念和社会规律。虽然审美在不断地变更，但其中蕴含的东方传统文化精髓始终如一。

总结中国千年美妆文化背后的五大规律

中国作为四大文明古国当中唯一流传至今的古文明，拥有自古以来一脉相承的传统美妆文化，而这个美妆文化是与中国人骨子里的文明与个性息息相关的。回顾千年美妆文化的发展历程，可以总结出五大规律：

- **审美水平与社会发展水平息息相关**

社会越开放，女性越解放，审美越多元化。譬如大唐时期，国力昌盛，国家开放，四方来朝，女性地位相对较高，整个社会的文化也相对多元，不仅有中原本土的审美文化，而且也相当尊重其他区域的审美文化。可惜的是，中国近代以来，因为积贫积弱的国力背景，导致一些人更推崇国外审美。但令人欣喜的是，随着中国国力的昌盛，中国的审美文化也越来越受到年青一代的青睐。

- **文化输出，美妆同行**

古代中国对于其他国家的文化输出，都是伴随有美妆文化的输出。而近代以来欧美以及日韩对于中国的文化输入，也同样是伴随有美妆文化的输入，无论是影视剧作品、明星抑或品牌输入，都在悄无声息当中影响着国人的审美文化。也许在不久的将来，中国美妆行业也会伴随着国力昌盛以及国货品牌发展，向全球输出中国美妆文化。

- **工匠精神，一脉相承**

自古以来中国涌现出不少美妆界的工匠，无论是一代又一代钻研本草的医学专家，还是孜孜不倦开发妆容的历代女性，其实都是美妆界工匠的代表。而正是因为有这些工匠的付出，中国传统美妆文化才得以发扬光大，传播海外。

- **中国护肤，“本草”为先**

中国自古以来的护肤就与本草分不开。伴随着时代发展，越来越多的植物被开发出美容用途。虽然近代以来的护肤行业离不开石油工业的发展，但本草的价值依然还有极大潜力有待挖掘。

- **中国彩妆,始于“国色”**

中国拥有一套独立的、完整的色彩体系,这套色彩体系纵贯各个朝代,影响了从古至今几乎所有的中国人。

但和本草价值尚未被完全挖掘的现状一样,中国的“国色”尚未被完全挖掘,很多美妆行业从业者对于色彩的认知还是源于西方,对于中国国色还不够深入了解。所以,中国的色彩文化与传统彩妆文化的发展还需要较长的探索过程。

第二节　当代

洞察中国美妆消费者，解锁市场新机遇

对品牌方来说，了解消费者变化与关注市场动态同等重要。目前美妆市场上，国际品牌虎视眈眈，国货品牌奋起直上，要想分得一亩三分田，抓住消费者是头等大事。随着时代的改变，美妆消费者也发生了变化。

- **悦己经济升级，消费者逐步低龄化**

资料显示，2018 年，95 后美妆消费增长 347%，连续 3 年保持 3 位数增长。90 后成美妆主力消费群体。而天猫美妆消费者超过 3 亿人次，其中 95 后超过 5000 万人次。2019 年，90 后已经全体步入了 2 字头(20—29 岁)，成为很多品类的重要消费人群。根据凯度消费者指数数据，2018 年与 2017 年相比，90 后在护肤彩妆品类上贡献了 35% 的销售金额增长。能否吸引到 90 后是品牌能否做大、能否实现颠覆的关键。

- **消费者不再过度关注品牌归属国**

经过数年发展，国货美妆已经告别低价时代，撕下“品质劣”“包装丑”的标签，进入了质感与个性并行的新轨道。从数据来看，以价格为主要考量因素的消费者占比已从 2007 年的 47.6% 降为 2018 年的 25.7%，品牌之间的差异化在市场竞争中越来越重要。

近些年美妆呈现出两种态势：一方面，各类国外小众护肤品涌入国内市场，另一方面，国内美妆品牌也在迅速崛起。而以高性价比著称、更注重产品功能及口碑测评的国货美妆改变了以往消费者盲目追求品牌归属国的倾向。调查发现，超过 42% 的消费者更愿意选择国货美妆，而 60% 的消费者则表示，初次体验国妆后，愿意再次购买。由此可见，中国美妆的国货前景与发展空间仍有无限的可能。

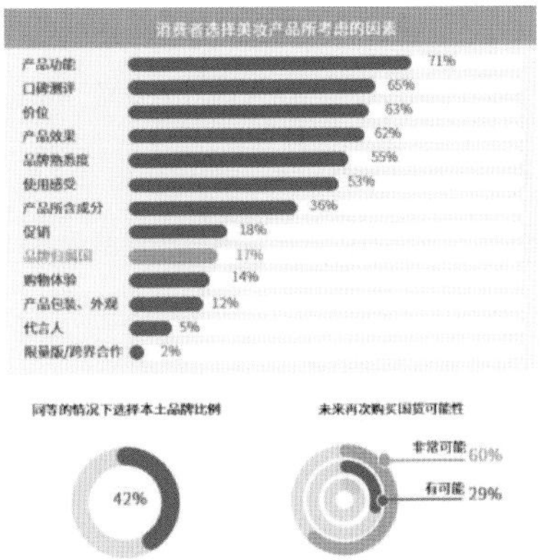

● 越发依赖社交媒体的新一代消费者

根据资料统计，社交媒体在中国美妆消费者购买产品过程中扮演了重要的角色：“种草”“除草”和“拔草”都在社交媒体上完成。90后比其他的消费者更加善于使用社交媒体。他们是可以“被种草”的一群人，愿意在寻找适合自己的化妆品上花很多时间，朋友们在社交媒体上的分享可能就让90后“被种草”了一个产品。

● 购买渠道的全线渗透

美妆产品的线上销售额已反超线下渠道，且增速超前、值得加码投资，2/3的15—34岁女性消费者在线上购买美妆产品，平均每年造访2—3个线上平台。无论小众品牌还是厂商大牌皆启动发力线上增速，小众品牌尤需倚重线上平台，小众品牌宜充分利用高渗透率的淘宝、微信实现增长。

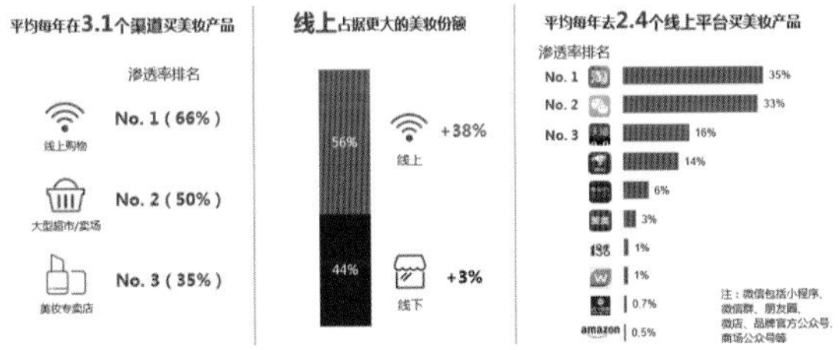

数据来源：凯度消费者指数个人美妆购买样组

线上渠道的火爆不代表可以忽略线下的渗透，这对许多品牌来说可能是个意外：虽然线上是现代消费者购买个人护理产品的重要渠道之一，而且还在快速增长（2018年同比增长了33%）；但并不是所有的购买都是在线上完成的。新一代消费者同样也会在线下消费。独特的门店会吸引他们去逛逛，包装比较特别的新品能够吸引冲动型的购买。据资料统计，便利店因能够满足 90 后救急的需求，90 后在便利店购买个人护理和美妆商品较前一年增长了 53%。

总之，数年前是价格决定消费力的时代，但新一代消费者目前更愿意为了质感及个性化而买单，品牌的差异化将成为撬动溢价力的重要因素。

当下营销与渠道的趋势与挑战

最近这几年营销与渠道的环境变化很快，让品牌方、媒介方甚至渠道方，都备受压力，不得不去深思与变革。目前美妆界存在几个明显的营销与渠道变化趋势：

- 趋势一：消费升级

对美妆行业而言，消费升级有两个表现，一个是“向上”的高端化，另一个是“向下”的挑剔化。高端化是指消费者更愿意花钱买更贵的化妆品，尤其是年轻化的消费者。2018 至 2019 年最热的几个高端美妆品牌 SK-II、YSL 都是沾了“消费升级”的光。挑剔化是消费升级的另一个有趣的表现，消费者并非全然只爱消费高端化妆品，也越来越喜欢尝试一些有趣的大众化妆品。所以这两年，日韩很多平价化妆品牌的市场也不错。这个消费升级的趋势给品牌营销者带来了巨大的机遇，但也挑战重重。看起来好像消费者更愿意花钱买贵的，但竞争对手过多，消费者更为挑剔，更难以捉摸。当下的品牌，在征服新消费者和维持老用户上，都面临比以往时代更高的门槛。

- 趋势二：渠道多元化

现在几乎很少有品牌是单一渠道，因为消费者喜欢多个渠道反复比较后，再做出购买决策——这是一个人人皆知的常识。这种渠道多元化的背后，是消费者追求便利、追求比较（性价比）、追求更为私人的体验的表现。从网络上购物，毋庸置疑很方便，但不一定比店里打折时更为实惠，且体会不到店里周到的服务，甚至都触摸不到产品。

而对于美妆品牌而言，线上购物最大的弊端是无法亲身体验。网红品牌大多采用视频、直播的形式去弥补这一体验弊端，自己亲身演示怎么化妆和搭配，确实诱惑力不小，但依然无法消除消费者拿到真实实物的落差感，屏幕上的美好，不一定会成为现实——消费者的试错成本依然很高。

而美妆行业，现如今正在面临什么样的挑战？

一是没有源头——同质化竞争。没有文化故事的品牌，就没有持续发展的空间。如果无法早期在市场迅速抢占份额，则只能陷入同质化的竞争。

二是故事碎片化——营销自嗨。没有成体系的完整故事，仅是参考行业领先品牌，进行复制粘贴。各渠道的展现不统一，无法持续地向消费者传递相同信息与价值。

三是没有具象化——审美落后。再好的品牌故事，没有具象化呈现都是白搭。因为不能清晰地了解现在消费者的审美趋势，不能完整地将好的品牌故事以消费者喜闻乐见的方式呈现出来。

四是价格战——缺乏品牌附加值。价格战是美妆行内人都厌倦的，但又非常无奈，因为你不打折，别人就在打折，抢夺顾客。

五是审美疲劳——广告变得更难打动人心，目前行业内普遍在纠结：消费者很难被打动了。这背后固然也有媒介碎片化、注意力分散的原因，但更重要的是消费者内心深处对“高级文化内容”的渴求。只靠传统的功能营销和情感营销，很容易让人审美疲劳。

第三节　未来

传承与创新，国货未来可期

随着国民经济持续增长，我国美妆行业进入了高速发展期。在移动互联网不断发展、新一代消费群体日益崛起的大背景下，美妆行业消费、消费者行为均发生了巨大的变化。

- 中国美妆行业进入黄金时代

伴随着全球经济有所回暖，带动化妆品消费反弹。据统计数据，中国化妆品市场增速始终高于世界平均水平。

2019 年 3 月全国化妆品零售额为 281 亿元，同比增长 14.4%；2019 年一季度全国化妆品零售额为 753 亿元，与 2018 年同期相比增长 10.9%。

数据显示，2017 年全国化妆品市场规模达到 3616 亿元，同比增速达到 10%。从增速来看，2012—2015 年我国化妆品市场规模增速不断下降，到 2017 年增速明显提升，未来发展空间巨大。自 2013 年中国超越日本成为世界第二大化妆品消费国后，2017 年中国化妆品规模已占到全球市场的 11.5%。

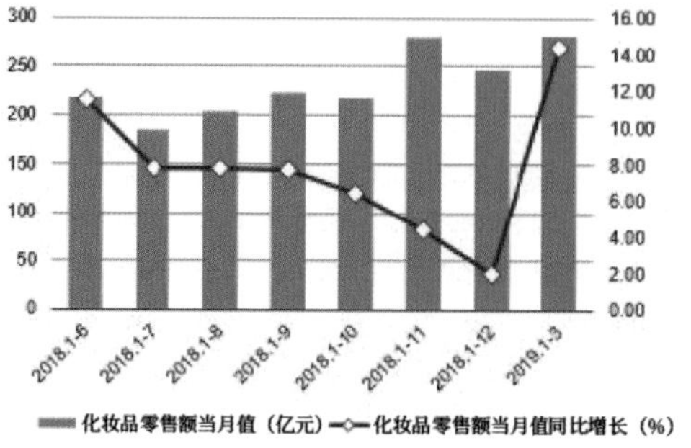

2018—2019 年中国化妆品零售额当月值及同比增速情况

2017 年国内化妆品市场规模达到 3616 亿元，其中彩妆行业规模达到 344 亿元，同比增速 21.55%，远高于全球同期增速。

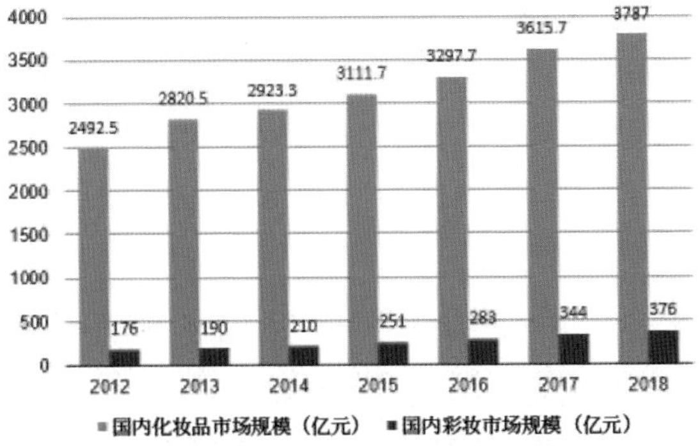

2018—2019年全国化妆品零售额累计值及同比增速情况

2019年3月彩妆网络零售前十品牌分别是魅可、完美日记、美宝莲、迪奥、圣罗兰、阿玛尼、稚优泉、卡姿兰、雅诗兰黛和纪梵希。其中，魅可彩妆市场占比最大，3月其网络零售市场份额占比达到2.8%；完美日记彩妆则位居第二，占比为2.7%。

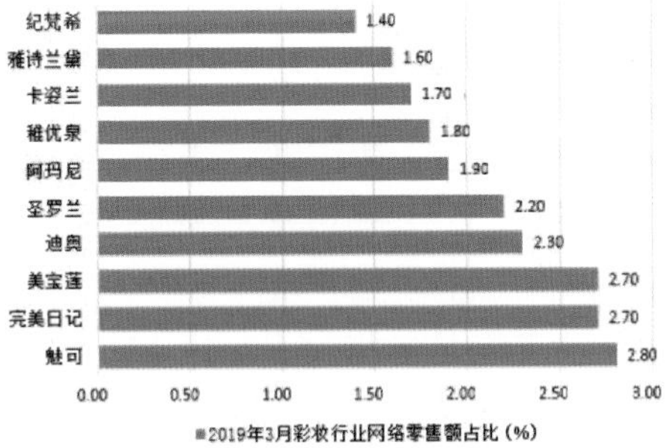

2019年3月中国彩妆行业网络零售前十品牌

- 美妆行业不可忽视的三大改变

购买渠道的改变刺激了美妆行业的发展。在移动互联网的助推下，用户的消费方式也发生了重大的变革。近年来，我国7.31亿网民中，手机网民占比达到了95.1%。目前美妆市场上，用户在移动端搜索化妆品日均就已达到148万次，其中来自手机的搜索量每季度就要增长11%，在搜索渠道中占据了主导。线上购买渠道中，69.7%的用户偏好大型综合电商，其次是垂直电商，占到了40.9%，品牌自营官方网站和海淘个人代购分别占到了 35.5% 和 29.4%。除此之外，用户线上消费倾向也十分明显，他们特别关注化妆品品牌以及产品本身的质量、功效，同时口碑的影响也在逐渐提升。

下沉市场消费能力不容小觑。《2018中国美妆新零售研究报告》显示，三、四线及以下城市 2017 年女性消费增长率为 20%。下沉市场的美妆消费潜力持续释放。国内的彩妆消费大致经历了从欧美日韩的大品牌风潮，到小众开架彩妆品牌潮，再到国货彩妆潮的更迭。国货彩妆品牌品质不输大牌，价格相对划算，更切合大众消费水平，因此构成了三线及以下城市平价彩妆消费的主体。

“他经济”崛起，男士美妆成为化妆品的蓝海。互联网偶像的冲击和影响、消费升级以及社会包容度提高，男士美妆成为化妆品市场日渐壮大的一个分支，2018 年天猫平台上男士彩妆品的销售额均实现 3 位数的暴增，超过 39% 的年轻人接受男生日常化妆，平均5个95后男生中就有一个使用以前女性专属的 BB 霜。2018 年全年男士化妆品类销售中，彩妆品销售额的同比增长速度居于化妆品类之首，高达89%，其次为香水（57%）和脸部护理（51%）。男士彩妆成为化妆品市场一片待掘的蓝海。

- 中国美妆行业市场发展现状

2017 年中国美妆行业市场规模为 3616 亿元。2018 年，中国美妆行业年产值为 4102 亿元。2019 年中国美妆行业市场规模达到 4314 亿元。2022 年，受市场发展环境整体情况的影响，中国美妆行业年产值为 3936 亿元。并预测在 2023 年中国美妆行业市场规模将增长至 5169 亿元左右。

国货美妆要想持续突破重围，必须通过优质的内容创造力、数据洞察力、社交触达力及数据资产高效运营等能力，针对不同人群制定品牌定向沟通计划，实现千人千面的营销沟通，助力美妆品牌实现品销合一、零售升级，成功实现增长突破。

- 品牌力与产品力“双力”崛起

除了前面所提到的营销与渠道之外，其实产品品质提升和品牌力的塑造，才是中国美妆品牌崛起的两大前提。

曾经一些国货品牌习惯于模仿国外，痴迷于创造所谓“高性价比”的低价低质产品，而忽略了其实国货品牌更应该严格把关产品品质，以更优质的产品品质去征服广大的中国消费者。同时，国货品牌在品牌塑造上一直落后于外资品牌，这背后的本质源于专业品牌人才匮乏。但近年来越来越多拥有丰富美妆品牌经验的专业人士参与或者直接开创属于自己的国货美妆品牌，将先进丰富的品牌经验引入国货品牌塑造，中国也崛起了一批重视品牌塑造的新锐国货品牌。

总之，当下是中国美妆行业崛起的关键时期。如何快速增长，如何持续增长，取决于国货品牌是否尊重消费者，是否能够挖掘和传承中国传统文化，是否能够在传承的基础上进行创新。未来可期，国货当强。

全球趋势——大放异彩的东方美学

全球化已经是一个众所周知的发展趋势，随之文化全球化的趋势也越发明显，世界文化正在向东方复归。东方美学蕴含着丰富的美学素养，已经成为一股新的潮流，沉淀了千年的东方文化古韵，将会以全新的姿态重新回归大众的视野。东方美学与现代生活相结合，东方美学在未来也将大放异彩。

未来东方美学将会风靡于各大时尚品牌，逐渐向全世界传递着“美”，影响着设计、建筑、服装等社会生活中的各个方面，而不仅限于美妆行业。比如李宁用一场结合了中国传统文化及复古潮流的大秀，让新国潮在国际舞台上绽放耀眼光芒；康师傅涵养泉，深受高端会议文化展会青睐；而中国风主题的产品更是独具风采，在美妆行业内部，故宫口红一上架即售罄，本土国货美妆品牌则更擅于演绎东方美学之道。

未来传承东方美学在全球美妆界都将会成为一种风尚。许多外资品牌也开始挖掘中国传统文化的精髓，且尝试将传统文化元素融合于其品牌当中。比如：欧莱雅与国博合作款，以明代《千秋绝艳图》为灵感，东方美人也成为欧莱雅的灵感来源；香奈儿的东方屏风腮红给人耳目一新之感，并且被赋予古色古香的名称。

总之，无论是文创IP开始进军彩妆，比如故宫口红，还是一大批新锐国货美妆品牌脱颖而出，抑或是外资品牌开始探索与中国传统文化艺术跨界等，背后都离不开一个消费趋势事实——“中国风”将会成为一股新的消费趋势。

同时，必须注意到，在当前的美妆市场上，虽然国货品牌琳琅满目，但在高端市场的影响力和声誉度还有待提升，未来还有很大的进步空间。现在很多国货品牌都在进行产品升级，围绕着中国风和东方审美发力，而高端和东方美学在某种程度上可以达到高度契合。

品牌在借助东方美学的同时，也应该让更多人感受到东方美学的魅力，促进东方美学以全新的形式进入当今的潮流发展之中，而这又不是单一的中式复古风，而是以国际视野将新中式和新型东方美学创造性地表达出来，不断提高审美能力、品质追求、文化内涵，进入更高的格调。对于年轻消费者来说，这种新式东方美学也是一种全新的潮流引力。

正如前述所说，中国美妆文化虽然拥有千年历史，中国近代美妆市场虽然已经历了许多年的发展历程，但对比国外美妆市场与外资美妆品牌，中国美妆依然面临着五大竞争壁垒。只有最终克服这五大壁垒，才能真正地在强者如林的中国美妆市场当中突围而出，且能持续增长，基业长青。

● **壁垒一：品质——依然逃离不开“低品质”的口碑陷阱**

虽然近年来国货品牌已努力在提升产品品质，但是因为中国近代以来美妆供应链水平长期落后于全球先进行业标准，以及过往长期不太重视产品品质的历史原因，造成国货品牌在当下依然面临着低品质的挑战。一些国货品牌至今还未意识到这是一个严重的品牌增长问题，依然还是想靠低价促销以及所谓低成本低品质的产品获得快速增长。除此之外，也是源于中国的消费者普遍对国货存在一定的误解，认为国货不太重视产品品质，对中国美妆品牌不太自信。

● **壁垒二：差异——品牌大同小异**

普遍而言，长期以来中国国货品牌，不太注重品牌的塑造以及产品的差异化打造，有时采用模仿外资品牌、模仿爆款的方式进行产品开发，对品牌的塑造往往缺乏耐心与专业的方法体系。这就导致许多国货品牌看起来几乎相差无几。

近年来也有许多新锐国货品牌，比较注重包装的创新。但必须注意，包装创新并不代表着产品本质的创新，我们观察欧美日韩美妆行业的发展历程，就会发现他们的品牌都会采用产品本质创新来推动自己本土品牌的飞跃发展。只有产品本质的创新，才会真正推动国货品牌的升级，才能为超越欧美和日韩品牌带来契机。

● **壁垒三：壁垒——除大流量和大渠道投入外，品牌壁垒较少**

无论是过往的韩束、韩后、自然堂等传统美妆品牌，还是完美日记、HFP 等新锐美妆品牌，都非常擅长大流量的运营方式及大渠道的投入。传统美妆品牌往往采用传统的线下营销大渗透与渠道大渗透的方式，而新锐品牌则采用创新的线上营销大渗透和渠道大渗透的方式，两者虽然战术层面不太相同，但其实战略本质是一模一样的。

但当我们回顾这些传统和新锐美妆的品牌壁垒的时候，就会发现除大流量和大渠道投入之外，真正属于品牌自身的竞争壁垒比较少，所以他们很容易被更新的品牌所模仿，也极容易被外资品牌超越。

- 壁垒四：散乱——品牌相对散乱，上市产品混乱

这是伴随国货品牌的“通病”。正是因为缺乏专业的品牌打造体系和方法，所以才会造成产品上市混乱，缺乏体系感，缺乏统一的品牌调性，而整体的品牌缺乏差异化，缺乏特色，一个店铺当中可能出现了不同风格的产品，却又缺乏能够将这些产品串联在一起的品牌体系。

这背后除缺乏专业的品牌体系方法之外，还有一个本质性的原因，是国货品牌普遍采用了大渗透的方式快速增长，但他们并不知道，品牌力的塑造以及品牌体系的打造才是让他们持续增长的关键。品牌快速增长并不等于品牌的持续增长，品牌想要基业长青，必须要注重品牌力的塑造以及品牌体系的建造。

- 壁垒五：文化——文化根基尚待提升

虽然许多国货品牌都在倡导东方美学、东方文化，但其实骨子里并不太注重挖掘中国传统的美妆文化，也不太了解中国传统文化，普遍缺乏权威的文化背景，以及系统的文化品牌打造方法。所以导致他们在上新产品的时候会出现“时洋时土”的情况，有些产品是模仿欧美品牌，有些又是模仿日韩品牌，有些则是抄袭国货爆款，总之散乱无章。而品牌的营销端也常常出现混乱，缺乏文化根基，缺乏品牌系统性。

如何去应对如上的这五大竞争壁垒呢?这里提出了三大策略供同行去借鉴，也供热爱美妆的读者参考：

第一，高筑墙——必须建构品牌端和产品端的核心竞争壁垒。

只有建构起来属于自己品牌的核心竞争壁垒，才有可能在品牌增长的同时减少其他品牌的模仿。同时，也有助于提升自己品牌的增长效率，因为品牌的增长效率随着营销大渗透的规模增长会面临一个“渗透界值”，当超越这个界值之后，边际效应就会递减。

很多品牌容易走极端，要么就是在一开始建立品牌的时候，忽略了对核心竞争壁垒的建立；要么就是从一开始过度重视建立竞争壁垒，而忽略了品牌的快速增长。这都是至关重要的。只有品牌的快速增长才能夯实自身的竞争壁垒，如果这些竞争壁垒不够坚实、不够独特，也很轻易被其他竞争对手模仿。

第二，快增长——必须注重营销大渗透和渠道大渗透。

品牌增长的核心驱动力，首先是渗透率的增长。只有不断提升品牌在新的消费者当中的渗透率，才有可能让品牌实现快速增长。

许多品牌过于重视固有消费者，从而忽略了对新的消费者的渗透，表面看起来维护固有消费者的努力更容易体现出来，而培养新消费者却很难找到着力点。但实际情况是，没有所谓的忠诚消费者，因为消费者购买行为受多种因素影响，消费者都是会不断流失的，维护固有消费者的努力往往收不到我们所期望的效果，投资回报率极低。只有不断地培养新的消费者，不断地提高品牌的渗透率，才有可能让品牌持续增长。而如何去提升品牌的渗透率，必须通过营销大渗透和渠道大渗透的双重大渗透方式。

第三，广积粮——必须提前储备人才梯队和私域流量池。

许多品牌在快速增长的过程中，会面临人才梯队跟不上的问题，进而会阻碍品牌下一步的持续增长。所以品牌必须重视人才梯队的建立，重视团队的搭建，重视源源不断的团队新鲜力量的招募。只有强有力的团队才能让品牌不断地跨越增长的壁垒。

广积粮的另外一个方面，也是当下比较流行的一个词语，叫私域流量池。如何去理解私域流量？首先私域流量并不是用来维护忠诚消费者的，更核心的作用在于如何去将私域流量的新消费者沉淀在自己的私域流量池当中，进行二次教育，从而让他们产生购买欲望，但并不是让私域流量池当中已经购买过的消费者去反复提升他们的购买频次。

总而言之，中国的美妆市场目前处于一个黄金发展时期，中国的国货品牌也将会迎来一个发展的黄金时代。到底谁会最终突围而出，成为下一个中国的资生堂集团、欧莱雅集团、宝洁集团？这取决于谁有更坚实的品牌和产品竞争壁垒，谁有持续不断的营销大渗透和渠道大渗透的双渗透能力，谁有源源不断的人才梯队与团队补充力量。当然，根基在于，谁能更好地挖掘和传承中国的传统文化，谁能真正做到传承与创新。

参考文献

[1] 万绳楠 . 陈寅恪魏晋南北朝史讲演录 [M]. 天津：天津人民出版社, 2018.

[2] 高振宇 . 黄帝内经服饰观念研究 [D]. 天津：天津师范大学, 2013.

[3] 顾小思 . 美人点妆国风妆容与盘发实例教程 [M]. 北京：人民邮电出版社, 2018.

[4] 黄能馥, 陈娟娟 . 中国服装史 [M]. 北京：中国旅游出版社, 1995.

[5] 李时珍 . 本草纲目 [M]. 北京：人民卫生出版社, 1975.

[6] 李芽 . 脂粉春秋 : 中国历代妆饰 [M]. 北京 : 中国纺织出版社 , 2015.

[7] 李芽 . 中国历代妆饰 [M]. 北京 : 中国纺织出版社, 2004.

[8] 李之檀 . 中国服饰文化参考文献目录 [M]. 北京 : 中国纺织出版社, 2001.

[9] 林延清, 等 . 明朝后妃与政局演变 [M]. 北京 : 人民出版社, 2014.

[10] 林永匡 . 清代宫廷文化通史 [M]. 上海 : 上海文艺出版社, 2014.

[11] 陆燕贞, 张世芸 , 苑洪琪 . 后妃美容术 [M]. 北京 : 中央民族大学出版社, 1994.

[12] 南京博物院 . 温 · 婉：中国古代女性文物大展 [M]. 南京 : 译林出版社, 2015.

[13] 蒲松龄 . 聊斋志异 [M]. 上海 : 上海古籍出版社, 2010.

[14] 祁雅丽 . 消失的美容秘籍 [M]. 北京 : 中国画报出版社, 2008.

[15] 桑妮 . 民国女子 : 她们谋生亦谋爱 [M]. 贵阳 : 贵州人民出版社, 2019.

[16] 苏萍 . 中国古代女性文学与文化新论 [M]. 长沙 : 中南大学出版社, 2014.

[17] 孙剑 . 唐代乐舞 [M]. 西安 : 太白文艺出版社, 2018.

[18] 徐客 . 山海经 [M]. 北京 : 现代出版社, 2016.

[19] 伊永文 . 宋代市民日常生活 [M]. 北京 : 中国工人出版社, 2018.

[20] 于赓哲 . 隋唐人的日常生活 [M]. 西安 : 陕西人民教育出版社, 2017.

[21] 钟年仁 . 明刻历代百美图 [M]. 天津：天津人民美术出版社, 2003.

[22] 庄莹 . 民国胭脂和她们的时代 [M]. 济南：山东画报出版社, 2015.

[23] 莫微, 理查德斯 . 流行 : 活色生香的百年时尚生活 [M]. 俞蘅, 译 . 北京：中国友谊出版公司, 2007.

[24] 戴庞海．冠礼研究文献综述 [J]．河南图书馆学刊, 2006(4)：110-113.

[25] 付凡．古代女子发髻流变探究及其当代启示 [J]．文教资料, 2017(12)：24-26.

[26] 高洪艳．礼乐文化影响下的先秦儒家审美观 [J]．长春师范学院学报, 2011, 30(7)：116-119.

[27] 高梅进．浅析春秋战国时期的妇女妆容 [J]．管子学刊, 2011(2)：107-109.

[28] 韩金广．从“胖”“瘦”两类词窥探中国古代社会的审美意识 [J]．河南教育学院学报（哲学社会科学版）, 2018, 37(2)：100-103.

[29] 李永宪, 霍巍．我国史前时期的人体装饰品 [J]．考古, 1990(3)：255-267.

[30] 刘其龙．慈禧太后内外兼修的长寿养生之道探微 [J]．兰台世界, 2014(18)：74-75.

[31] 刘晓颖．“他时代”来临?美妆巨头率先布局抢市场 [N]. 第一财经日报, 2018-09-28(7).

[32] 宋金英．女为悦己者容：中国古代女性服饰表征与审美取向 [J]．民俗研究, 2018(3)：74-79.

[33] 宋炀．美人之美：中西方古代女性妆饰与审美文化比较研究 [J]. 南京艺术学院学报（美术与设计）, 2017(3)：108-115.

[34] 孙艺嘉．中国古代女性美审美标准的演变 [J]．新闻传播, 2017(9)：70-71.

[35] 王金凤, 章辉美．美的历程：中国女性美的演变与社会变迁 [J]．长沙铁道学院学报（社会科学版）, 2006(4)：106-108.

[36] 徐梅．中国古代女性眉妆审美研究 [J]．牡丹江大学学报, 2019, 28(5)：108-110.

[37] 晏净天．唐代审美风尚变迁下的女子妆饰发展研究 [D]. 株洲：湖南工业大学, 2014.

[38] 翟边．慈禧太后的养生之道 [J]．决策与信息, 2011(10)：71.

[39] 张方天．中国历代女性形象审美之素描 [J]．艺术生活, 2011(2)：29-30.

[40] 张书乐．玩具化的 AR 试妆，能否玩出美妆行业的市场大未来? [J]．销售与市场(管理版), 2017(11)：40-42.

[41] 朱一帆．现代中国女性旧体诗词中的女性身体与现代性想象 [J]. 新文学评论, 2017, 6(4)：158-164.

后记

坦诚讲,作为一个美妆品牌操盘手,每日忙于实战,还要坚持写书,确实并非易事。所以本书从设想到完稿,整整用了 7 年。之所以坚持下来,是有一个疑问反复鞭策着我:为什么中国文明作为四大古代文明当中唯一传承至今的文明,却在美妆行业里没有看到传承?中国传统美妆文化曾经那么璀璨荣耀,为什么今天却鲜少有品牌能够真正挖掘与传承?

"美",从来不是肤浅的表象。每一个文明、每一个民族、每一个区域、每一个时代,都有自己独特的社会背景、文化根基和风土人情,这些都会折射到审美与美妆文化之中。所以,表面看起来,美妆行业是一个关于化妆品的行业,但背后其实是一个国家文明与社会文化的折射。

为什么近代以来有的国人崇洋,且轻视国货品牌?这本质上,也是因为近代中国国力暂时衰微,国民自信心下降。

近年来,国潮抬头,国风四起。不仅国货品牌越来越多,就连国际品牌也开始追捧中国文化,产品、营销、渠道都走上了"中国风"路线;而国内不论是品牌还是电商渠道、线下活动甚至是媒体节目都大张旗鼓地展开了海量的"国风计划"。这背后,都离不开国家国力的逐步强盛、国民自信心的不断提升。

国货美妆市场发展正酣,美妆行业的生态环境发生了深刻变革。年轻人越来越回归国货国风品牌,究其原因是因为国外美妆品牌和美妆产品无法满足国人的需求。这种不满足来自两点:其一是对产品的不满足,国外美妆市场从未针对中国用户的肤质、环境、习惯进行产品研发;其二是对文化的不满足,国人骨子里刻着浪漫的诗人基因,对于文化的追求也是更亲近我们中国文明。这两点的"不满足"为中国美妆市场积蓄了潜能。

遗憾的是,国内许多品牌打着"国风"的噱头,实则"拼价格"。国潮轰轰烈烈,国货美妆市场看起来如火如荼,背后并没有形成有体系的品牌价值。

美妆行业的沉浮已经表明,浮于表面的繁华不过得到一时的喝彩,由里及外的自信才是美妆行业的最终追求,而这种自信必须首先源于对中国 3000 年美妆文化的匠心挖掘与深刻诠释。

正如文章开篇所说，世界的四大文明古国中，唯有中国的美妆历史被淹没遗忘，尽管这段历史如断珠，散落在各处，但还好它有迹可循。中国 3000 年的美妆历史的绚丽程度令人吃惊，也令人着迷。作为一名美妆行业从业者，我们如何能置之不理?因此，我们期望这本书首先能对中国 3000 年美妆文化进行匠心挖掘与深刻诠释。其次是期望以古鉴今，通过对 3000 年从古至今的美妆文化的梳理，给予当下美妆行业同人一定的启发与借鉴。

当然，这里的 3000 年仅仅是一个泛指，并非是只将我国丰富深厚的美妆历史局限于 3000 年的区区数字。我们也希望更多热爱美妆、热爱美、追求美的朋友也能因为本书更加了解我们的传统美妆文化艺术，更热爱我们的国家，对我们的文化更加自信。期望它成为能广泛流传的经典书，而非短暂火爆的畅销书，期望本书对整个行业、对普罗大众都能产生实际价值。

说到这里，我必须感谢我的搭档老徐，是他对我学术事业的支持和信任，让我能心无旁骛地完成自己心中所想，让我能在实战之余坚持学术研究。更要感谢我这么多年的“美妆博物馆”团队，包括宋嘉琦、苏婷、仲凤元、余冬、张亿鑫、许黎星、闻可欣、李捷、逯培文、李惠、王思齐、蔡坤等。

当然，还要感谢行业内一直支持我的前辈、朋友，正是因为大家多年来不停地催促，才有今天这本书的面世。本书写作中还参考了许多相关的文化研究论文等，所引图片也有很多摘自各大历史博物馆的画册、图集，在此一并向所有为中国美妆研究做出贡献的学者致敬！没有前辈们的辛勤耕耘，也就没有这本书的诞生！精力有限，专业有限，因此书中不免有一些疏漏之处，还恳请广大读者与同人多多包涵与指正，也欢迎与我沟通、交流。

未来《大美中国》将会以系列形式，持续不断地为读者带来不同角度的中国传统美学文化、美妆文化与中国色文化。期待与读者一起，畅享美学文化之旅。

美妆博物馆简介

美妆博物馆(简称“美博”),中国传统美学文化 IP 平台,全国首部系统性美学文化著作《大美中国》出品方,坚持 10 年 + 匠心专注研究中国 3000 年美学文化,官方合作方覆盖全国博物馆等文化资源,拥有诸多文化学者、教授、艺术家等智库资源,以及 2 万件线下藏品资源。

美博旗下拥有中国传统美学文化 IP“大美中国”与中国色色彩权威机构 IP“中国色研究院 BMCCR”。